JN086922

How to Love Snails and Slugs

日本の陸貝図鑑

カタツムリ・ナメクジの愛し方

脇司

Tsukasa Waki

はじめに

　日本には1億人以上の人がいますが、カタツムリやナメクジのことを毎日考えている人は、合わせて100人もいないでしょう。カタツムリとナメクジを合わせて「陸貝」と呼びます。この本は、その「陸貝のことを毎日考えていない9999万9900人以上の方々」に向けて書きました。どなたにも手に取ってもらえますが、「カタツムリのことが気になっているけど、そこまでよく知らない方」や、「好きで飼っているけど、飼っている子以外のことはよく知らない方」には、特に満足してもらえると思います。

　本書には、約800種いる日本産陸貝の中から、僕が好きな種類、あるいは思い出深い種類のカタツムリとナメクジ115種類を写真つきで掲載しています。好きな順で掲載したので、必ずしも分類群ごとには並んでいません。また、陸貝各種を産地となる地方にそれぞれ割り振っています。生物の分布は複雑ですし、そもそも人間がつくった地方の境界線に従うものではありませんが、本書は学術書ではないこともあり、僕の頭の中のイメージと"思い出補正"に基づいて、思い切って振り分けました。

　なお、本書では、「カタツムリ」と「でんでんむし」を次のような意味で使い分けています。

　カタツムリ……殻のある陸貝。

　でんでんむし……カタツムリの中で、特に丸い殻をもったもの。

　ふつうに生活していると見つけることはできないけれど、ちょっと意識を向ければ、あなたの周りには実にたくさんのカタツムリとナメクジがいます。本書をきっかけに、身近だけれども無視されがちな彼らのことを知ってもらえたら、僕にとってこれほどうれしいことはありません。

もくじ

1週間、陸貝たちを飼ってみた

陸貝の飼い方 編

作・べつやくれい

ある日の午前中、わが家にクール便が届いた。

こんにちはー

この中に、カタツムリとナメクジの赤ちゃんが入っているらしい。

オンラインで脇先生から飼い方のレクチャーを受けるのはこの日の午後。

箱が届いたのは10時くらい

箱をあけていきなり脱走してたらどうしよう…

どうやってつかまえればいいの!?

心配したが、そんな気配はみじんもなかった。

数時間後

オンラインレクチャー開始。

講師はもちろん脇司せんせい

見守り係編集の畠山さん

よろしくおねがいします

今回お送りしたのは「ニシキマイマイ」と「ナメクジ」。ナメクジっていう名前のナメクジなんです。

ナメクジという名のナメクジ…

衝撃的

ナメクジ…標準和名が「ナメクジ」というナメクジ。

フタスジナメクジとかフツウナメクジと呼んで区別することもあります

カタツムリは「ニシキマイマイ」。

おもに京都にいます

日本にいるなかでは大きめの種で、背中に入ったすじがカッコいいんですよ！

ニシキマイマイは休眠状態でタッパーに入っているという。

カタツムリは湿度が低くなると殻に閉じこもって粘液でフタをするんですが、その状態でお送りしてます

研究で運んだりするときも休眠させると運びやすいんです

なるほど

よく見るとうすくフタがされている。

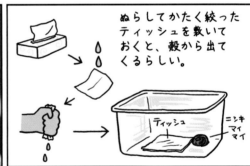

ぬらしてかたく絞ったティッシュを敷いておくと、殻から出てくるらしい。

ティッシュ

ニシキマイマイ

かたく絞ったティッシュ程度の水分でいいんですか？

もっと水分があるのがいいと思ってました

乾燥しているのはだめですが、実はあんまりびしゃびしゃすぎるのも苦手なんですよ

暑さや乾燥も苦手ですが

水たまりとかも苦手なんです

もともと貝から進化した生物ですが肺呼吸なんです

エラ呼吸　肺呼吸

なので水の中だと溺れてしまいます

泳げないので、川を渡って移動することもありません

見たことない仲間がいるけど泳げないしなあ…

カタツムリに固有種が多いのはそういう理由です

そうか、陸貝はねっとりしてるから水に強いと思っていたけど、そういうわけでもないのか…

考えてみればあれは自分から出してるねとねとだもんな…

わーい大雨だー

絵本とかで見た、大雨のなか喜んでいるイメージにだまされていたわけである（多少の雨は平気）。

ニシキマイマイのタッパーに、絞ったティッシュを入れておいた。

機嫌がいいと30分くらいで出てくるらしい。

ちなみにナメクジのほうも、同様にかたく絞ったティッシュ程度で大丈夫だそう。

No! 水

No! べちょべちょ

もちろんナメクジも肺呼吸です

飼い方のポイント
カタツムリもナメクジも、かたく絞ったティッシュをタッパーに入れておくくらいでOK。

快適！　快適！

飼うのはタッパーでいいんですか？

はい、タッパーでいいと思います

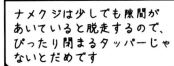

ナメクジは少しでも隙間が
あいていると脱走するので、
ぴったり閉まるタッパーじゃ
ないとだめです

そういえば、昔
住んでた家の
タイルのすきまから
ナメクジが出たな…

ぷちゅ

でもタッパーなら、こんなに小さい
赤ちゃんナメクジも脱出しません!

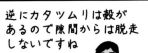

逆にカタツムリは殻が
あるので隙間からは脱走
しないですね

できないです

カラが
引っか
かって
出られ
ない—

飼い方のポイント
飼育ケースはタッパー

ただし1日1回はフタをあけて空気を
入れ替えてあげよう。

飼育する環境はどういう
ところがいいですか?

タッパー
を置く
場所
というか

直射日光が当たって温度が
上がりやすかったり、
エアコンの風が当たるところは
絶対にだめですね

あつくて
かわくー

日焼けと乾燥が
気になる私と
だいたい同じ
ですね

カタツムリは殻があるので
ある程度は耐えますが
ナメクジは暑さにも乾燥
にも弱いんです

私もです…!

こんなにナメクジに
共感できる日が
くるとは

飼い方のポイント
日陰になるところ、乾燥しないところに
置いてあげよう。

仲間
よ…

加湿
器

次にエサについてですが、カタツムリは紙をよく食べますね

紙ですか

カタツムリは植物を食べるので、紙もそういう感覚で食べてるんだと思います

同じ気持ち？

紙も元は植物だし。

紙なら何でも食べますか？

タッパーにしいたティッシュも？

そうですね、かなり何でも食べると思います

タッパーに入れたティッシュも食べますよ

以前、うっかり脱走させてしまったとき、本の表紙をかじられましたし…

これはあくまでも僕個人の感想なのですが…

トイレットペーパーは水にとけるので消化によさそうな気がしています

消化…

カタツムリのためにも、オイルショックはおきてほしくないですね！

え、ええ…

ついでにコロナも！

ナメクジのほうは、野菜くずでいいと思います

どんな野菜がいいですか？

ニンジンはぜんぜん食べなかったんですが、きゅうりは食べました

あんま好きじゃない…

こっちは好き

ナメクジ、好き嫌いがあるのか…

ナメクジのイメージかわるな…

飼い方のポイント
カタツムリは紙を食べる（野菜も食べます）。
ナメクジは野菜を食べる（紙を食べる個体もいる）。

ちなみに、カタツムリの赤ちゃんとか子供を育てるときには卵の殻をあげてください

コンクリのかけらでもいいらしいです。

卵の殻の成分がカタツムリの殻になります

←自分で作りだしている

ヤドカリとはちがうのだ

大人のカタツムリに卵の殻をあげたらどんどん大きくなる、みたいなことはありますか？

大きくなーれ

大人になったやつはそれ以上は大きくならないですね

卵のカラは食べますが

殻のここがくるっとなっていたら大人のカタツムリ

一瞬で消えた巨大カタツムリの夢

ナメクジに卵の殻をあげたらカタツムリに…

ならないです！

ならなかった。

あと、注意点としては世話をしたあとは必ず手を洗ってください

寄生虫がいることがあるので

はい

それでは飼育をはじめてみましょう

P148へ続く！

陸貝を
愛でる秘訣

陸にいる貝の仲間

　日本に暮らす「陸貝」の中から4種を選んで殻を並べてみた（図1）。模様がちょっと違うかな、と思った方は筋がいい。まったく同じように見えてしまうという方もご心配なく。初めはみんなそういうものだ。

　さて、陸貝とは、海にいる貝の仲間が陸上に進出したもの。おなじみのカタツムリや嫌われ者のナメクジがそれである。カタツムリの殻の形は互いに似ているので、どれも同じように見えるかもしれない。どの殻も落ち着いた茶色っぽい色で、裏を返せば地味である。そう、日本の陸貝は茶色くて地味なのだ。

　しかし、そんな日本の地味な陸貝が僕にはとても魅力的に思え、殻をコレクションしている。彼ら（雌雄同体なので彼女たちともいえる【122ページ】）の殻は実に日本的な色で、控えめで、どことなくかわいい。

　さて、ここから、陸貝の愛で方にかかわる基本的な知識を3つ、ご紹介したい。1つめは貝を集める人々のこと、2つめは陸貝の貝殻のこと、そして3つめは国産陸貝の主な種類である。

貝を愛する者たち

　陸貝の話をするためには、まず「貝屋」「陸貝屋」について説明しなくてはならない。「貝屋」とは、貝を売っているお店のことではなく、貝が好きな人、あるいは貝を研究している人のこと。「陸貝屋」とは、貝屋の中でも特に陸貝を好き好む人のことである。

　貝屋と呼ばれる人々の場合、貝殻の美しさに魅せられて貝好きになった人が多いので、貝殻をコレクションする人がほとんど。コレクションすることに熱中するようになれば、さまざまな種類の貝、特に珍しい貝

図1：4つの殻はすべて違う種の日本産の「陸貝」である。

を手元に置いておきたくなるのは人情だろう。あまり採れない珍しい貝は「レア」「珍貝」「珍品」と呼ばれ、貝屋の羨望の的となっている。

珍品ランク上位の貝を自分で採集したときの悦びは何物にも代えがたい。ただし、あまりにもマニアックな珍品は、その存在を知っている貝屋が少ないので採集されにくく、需要が少ないなどの理由から、貝屋同士の"市場"に出回ることも稀である。このため、そういった貝は自分で採るか、貝屋同士の信頼で成り立つ"貝トレード"によって譲り受けるしかない。

一方、ふつうに採れる貝は「普通種」と呼ばれ、貝屋の扱いが変わってくる。貝屋のコレクション棚では、珍品は1つひとつ丁寧に梱包されて割れないように配慮されているのだが、普通種の標本は案外適当にしまわれていることも少なくない。多産でどこにでもあるような普通種は「雑貝」「駄貝」「（死殻を）踏んで歩く貝」とレッテルを貼られるのだ。

左巻きと右巻きの見分け方

陸貝の殻は渦巻き状に成長する。卵から生まれた陸貝の稚貝（子供）が、殻をらせん状に成長させて、性成熟した「成貝」になる。このため、稚貝のときの殻は、成貝の殻のてっぺんにあたる。

巻貝を見たときに、それが右巻きか、左巻きかを気にして生きている人は、読者はいるだろうか。実は、貝も陸貝も、その殻には右巻きと左巻きがある、と聞いたら、これから先がちょっとだけ気になるのではないだろうか。そんな未来の悩めるあなたに、貝殻の右巻き・左巻きの見分け方を3つ伝授したい。

①陸貝を上から見て、時計回りに巻いて成長するのが右巻きで、その逆が左巻き

②殻口と正面に向き合って、右に口があるのが右巻きで、その逆が左巻き

③陸貝を上から見て、親指を上に握りこぶしをつくり、右手人差し指と同じ巻きなら右巻き、左手と同じな

11

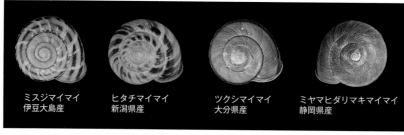

| ミスジマイマイ
伊豆大島産 | ヒタチマイマイ
新潟県産 | ツクシマイマイ
大分県産 | ミヤマヒダリマキマイマイ
静岡県産 |

図2：図1の陸貝（マイマイ属）に名前と産地をつけてみた。

ら左巻き

　いかがだろうか。慣れてくると、貝殻を見た瞬間に右巻きか左巻きか直観的に判断できるようになる。

どれも同じに見えて当然

　図1に載せた陸貝はいずれもマイマイ属である。マイマイ属は、いわゆる"でんでんむし型"の陸貝だ。

　マイマイ属の種類はそれなりに多いが、殻の形は似たり寄ったりだ。そのため、見た目だけで種を見分けるのは難しい。幸い、マイマイ属をはじめ陸貝は地方ごとに種が異なるので、産地がわかれば種を同定できることが多い。

　図2では、図1の4種に名前をつけてみた。レア度は右端の静岡県産のミヤマヒダリマキマイマイ（68ページ）が最も高く、他の3種はいずれも普通種である。

「火炎彩」という見所

　マイマイ類の殻の縞模様（しまもよう）（らせんに平行に入った黒っぽい線）には一定のパ

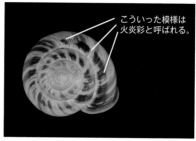

こういった模様は火炎彩と呼ばれる。

図3：マイマイ類の「火炎彩」。殻の模様のパターンは種を見分けるポイントとなる。

ターンがあり、殻頂に近い順に1から4までの番号があてられている。

　図1左端のミスジマイマイや、左から2番目のヒタチマイマイの仲間の殻には「火炎彩」（かえんさい）と呼ばれる模様があり、これらの模様の組み合わせによって殻はさまざまな模様に彩られる（図3）。

　なお、同じ種類の陸貝でも、殻の模様には個体差のある場合が多い。これほど多様なマイマイ類の模様だけれど、その模様にどのような意義があるのかはよくわかっていない。

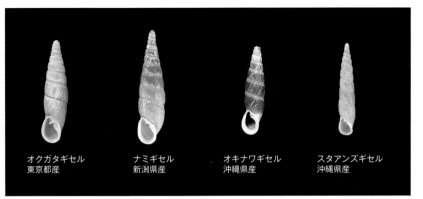

オクガタギセル
東京都産

ナミギセル
新潟県産

オキナワギセル
沖縄県産

スタアンズギセル
沖縄県産

図4：4つの殻はそれぞれ違う種の日本産のキセルガイの仲間。

キセルガイは紙を食う

　キセルガイの仲間は細長い左巻きの殻をもつ（図4）。カタツムリらしからぬ形をしているため、貝屋でない人に見せると「これがカタツムリなの？」と言われてしまう（定番のリアクションである）。

　殻口に歯があるのだが、これは殻口から首を突っ込んで捕食するタイプの捕食者が、首を突っ込みにくくする防御のためにあると考えられている。この歯の形は種によって異なり、キセルガイの種を同定する際にとても重要なものである。殻口の左側には「プリカ」と呼ばれる構造（52ページ）があり、強い光を当てると透けて見え、これも種の同定の際に重要なポイントだ。

　一般的に陸貝は、成員となった後に時間が経過すると、殻表面のタンパク質が剥げて白けてきたり、表面にコケが生えてきたりする。キセル

ガイの殻がこうなると、プリカが透けて見えづらく、種の同定が困難になることがある。

　対策としては、紙やすりで殻を磨くか水で濡らすなどしたのち、ライトで照らしてプリカを透けさせればよい。このとき、水の代わりに自分の唾で濡らすと（直接貝を舐めるわけではなく、手などにぺっと吐くとよい）、ライトの熱による水分蒸発が多少抑えられて長い時間観察できる気がするが、他の人の見ているところでは大変やりにくい。

　キセルガイは、普段は落ち葉の下や木の洞などに隠れている種が多い。雨が降ると外に出てくるが、茶色くてあまり目立たないため、案外気づかれない。キセルガイの仲間は紙をよく食べるので、山の中にある段ボールのヘロヘロになったゴミをひっくり返すとよく見つかる。また、僕は、キセルガイを飼うときにはトイ

図5：外来種のチャコウラナメクジ（東京都）は背中に殻の名残がある。

レットペーパーを与えている。これは水に流れるものなので、消化にいいのではと思っている。

　トイレットペーパーを飼育容器の底に敷いておけば、容器内の保湿と餌を兼ねられるし、何より野菜などの生餌よりも清潔でカビたりもしない。ただ、かわいそうなので、ピンクのものとか香りつきのものは与えないようにしている。白色無香料のものを選ぼう。

ナメクジは貝？

　ナメクジがカタツムリの仲間だと知らない方も多いと思う。当然だろう、貝殻がないのだから。実は、ナメクジは貝殻をなくす方向に進化した陸貝の仲間である。その証拠に、一部の種の背中には殻の名残がついており、解剖するとそれがころんと出てくる。

　なるほどそうか、と思った方が、

ではカタツムリを殻から引っ張り出したらナメクジになるのか？　と考えるのは自然なことだろう（実際に手を下すのはたいてい子供だろうが）。

　カタツムリの場合、貝殻の中に内臓がつまっている。一方、ナメクジはその体の中に内臓がつまっている。そういうわけで、カタツムリの殻をとっても内臓がむき出しになるだけで、ナメクジにはならない。

　このように、ナメクジには殻らしい殻がないのでコレクション性に乏しく、ただでさえ少ない陸貝屋からも見向きもされない。というか、ナメクジを貝とすら認識していないような気がする。

　殻がなくとも、のんびりと眺めているとナメクジだって案外カッコよかったりかわいく見える瞬間があるものだ。例えば、市街地の公園でよく見かけるチャコウラナメクジ類は防御態勢を取るとき、背中の殻の名残を盾のように立てるので、とてもカッコいい。「カッコいい」という言葉は、陸貝屋はもちろんすべての生き物屋が使う、愛すべき生き物への最高の賛辞である。

　このように、ナメクジやカタツムリのような陸貝を愛でるには、ぱっと見の姿形をとらえるだけでなく、ゆっくり観察して、その生きざまに共感するような……、そんな、のんびりとした彼らと同じ時間スケールで過ごすことが、秘訣かもしれない。

日本の陸貝図鑑

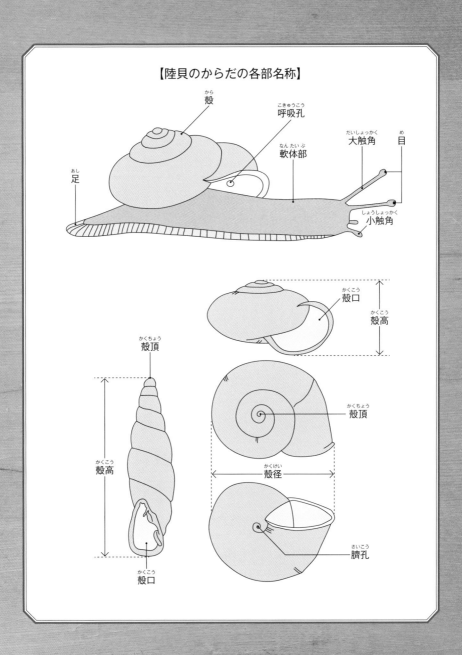

【陸貝のからだの各部名称】

殻

呼吸孔 こきゅうこう

軟体部 なんたいぶ

大触角 だいしょっかく

目 め

足 あし

小触角 しょうしょっかく

殻口 かくこう

殻高 かくこう

殻頂 かくちょう

殻高 かくこう

殻口 かくこう

殻頂 かくちょう

殻径 かくけい

臍孔 さいこう

オオケマイマイ

Aegista vulgivaga　ナンバンマイマイ科オオベソマイマイ属　　　　　殻径：約3cm

山のガレ場を無防備に転がっていた。この個体はややコケが生えて緑がかっている。岐阜県産。

◤ どこにでもいる、謎の毛をもつ貝

岐阜県の山中で採れた毛並みの整った個体。貝殻の巻きがややほどけている。

日本には、殻（から）に毛の生えた陸貝（りくがい）が何種かいる。その中で東日本から中・四国地方まで分布し、一番目にする機会が多いのが、このオオケマイマイだ。

オオケマイマイはリター層（そう）（落ち葉などが堆積した層）の中や石の裏などに隠れている。いろいろな環境にいる貝で、人家に近いやや乾燥気味の石垣の隙間から、山奥の沢沿いの霧深いガレ場（岩石がごろごろしている場所）やコケの上まで、同じ種なのにこうも生息環境が

違う場所にいるのかと驚かされる。一般的に陸貝は、単一の種はどの個体も特定の環境で生きているものだが……（例えば、ある種は乾いたところにいるとか、別の種はもう少し湿ったところにいるとか）。

扁平な殻は、落葉の下にもぐったり、石の間に隠れたりするのに都合がいいのだろう。一方、この貝に生えた毛はゴミをつけてカモフラージュするためとか、襲ってくる敵に対して自分の体をより大きく見せるためとか、いろいろ理由が考えられているが、はっきりしていない。この毛は、人の髪とは違って毛根がない。殻表面のたんぱく質である殻皮の一部が少し伸びたものが、あたかも毛のように見えているのだ。生え変わることはなく、何かに擦れると毛が取れて、そこから二度と生えることはない。老成した貝は石に擦ったり、リター層の中を進む間に落ち葉に擦ったりして、ほぼ必ず毛は落ちて剥げてしまう。

見てのとおり殻の巻き数が多いので、肉を取り出すのが難しく、肉抜きがなかなか大変だ。軟体部はとても細長く、寄生虫調査で解剖して腎臓を調べるときに、それがとても長いのを実感する。

山の中で、沢の近くの斜面にいた若い個体。日輪のような毛が生えているが、何のためについているのかわかっていない。茨城県産（提供：池澤広美氏）。

ナミギセル

Stereophaedusa japonica　キセルガイ科オキナワギセル属　　　　殻高：約2.5cm

雨の日に、東京都内の公園で活動するナミギセル。都内でもそこそこ自然の残った場所であれば、このように本種を見つけることができるのだ。

リターを探すとコロンと見つかることがある。これは本種の死殻。

かなり大きいので見逃すことがない。朽木の表面にいた個体。

🫘 首都圏の公園で出会える大型キセルガイ

　本州～九州北部に分布し、これらの地域でふつうに見られるキセルガイの1つ。殻の形はやや長いこん棒型。若い殻には艶があるが、老成すると艶の素である殻皮が剥げて白くなる。殻表面には肋と呼ばれる凸凹がある。

　本種の殻の形は、地域によって若干の違いがある。関東地方で見られるナミギセルは殻長、肋などがベーシックなタイプ。新潟県の上越などで見られるナミギセルは、エチゴギセルと呼ばれていた。これは殻表面の肋が厚くて

荒々しく、ナミギセルの中で一番カッコいい。写真の標本は、土の中でヒタチマイマイと一緒に集団冬眠していたものだ。山口県や九州地方北部で見られるものは殻が短く、全体的にずんぐりしている。これはオボロナミギセルと呼ばれていた。写真の個体は、大分県で集団冬眠していたものを掘り起こしたもの。陸貝採集では、寝込みを襲うことが多いのだ。

関東地方の都市部で見つかる大型のキセルガイはまず本種とみて間違いない。晴れた日は、リター層や朽木の下に隠れていることが多いが、湿度の高い日には石の上や木の幹の低いところを這っているのを観察できる。

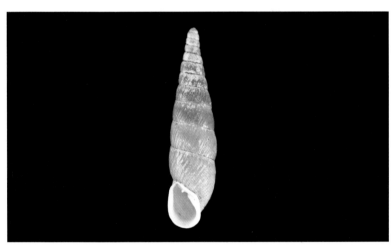

新潟県で採れたエチゴギセル。下の2つと比べて、殻表面の縦肋がはっきりしているのがわかるだろう。殻高3cmと他のものより大型だ。

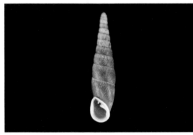

スタンダードな形をしている、千葉県のナミギセル（殻高2.5cm）。

オボロナミギセルと呼ばれていた、少しふっくらして小ぶりの貝（殻高2cm）。

ナメクジ

Meghimatium bilineatum　ナメクジ科ナメクジ属

体長：約5cm

日本では広域で見られる。この写真は国道の歩道脇の石壁を這っていた個体。体色にはバリエーションがあり、このように茶色っぽい個体もいる。京都府にて。

雨の日になると木に登る個体をよく見かける。宮城県にて。

こちらも宮城県の個体。なぜ木に登ってくるのかははっきりしていない。

「ナメクジ」という名のナメクジ

　ナマズというナマズの仲間がいるように、ナメクジという名前のナメクジの仲間がいる（ややこしいので、文献によってはフツウナメクジ、フタスジナメクジなどと呼ばれているが、本書ではナメクジとしたい）。

　日本ではチャコウラナメクジに次い

でメジャーなナメクジで、背中に甲羅<ruby>甲羅<rt>こうら</rt></ruby>はなく、全体が灰色ののっぺりとした皮膚におおわれる。たまに茶色い個体もいて、ヤマナメクジとよく混同されるが、慣れてくると雰囲気が違うので多分わかる。夜になるとわらわら出て

20

きて、木に登る個体がよく観察される。

ナメクジにはナメクジカンセンチュウ属の線虫が感染することが知られており、少なくとも京都府から茨城県までの本州太平洋側に局所的に分布することが知られている。この属には宿主のナメクジを殺してしまう種類がいるが、日本に分布する線虫が実際にナメクジを殺すかは、まだわかっていない。この仲間の線虫は、ヨーロッパでは生物農薬として実用化されて販売されている。日本のナメクジカンセンチュウも、生物農薬に活用できるのかもしれないが、生物を野外に散布するのは環境へのリスクがあるため、事前に細心の注意を払う必要がある。

日中は見かけなくても、夜になるとわらわら出てきて木に登る。普段は上手に隠れているのだ。茨城県で夜に撮影した写真。

木の上を這っている個体。個体より下の色が濃い部分は歩いた跡。茨城県にて。

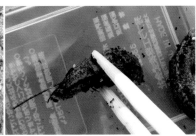

ナメクジを捕まえるときは、割りばしを使うと取りやすい。長崎県の個体。

ナミコギセル

Tauphaedusa tau　キセルガイ科 *Tauphaedusa* 属　　　　　　　　　　殻高：約1.5cm

東京都内の公園で朽木をひっくり返したところ。僕の経験上、キセルガイの中では、都内での遭遇率は本種が最も高い。1個体見つけたら、その周りにもたくさんいることが多い。

朽木内の隙間にも棲んでいるので、壊すと出てくることも。東京都にて。

東京都産の標本。たくさん採れるが、手元の標本数は少なかった。

🍃 都市公園で出会える小型キセルガイ

　関東から中・四国地方に分布する小さなキセルガイ。ナミ「コ」ギセルとあるが、やや細身の殻のナミギセル（18ページ）とはシルエットが少し違う。

　関東地方の都市公園で見つかる小型のキセルガイはたいてい本種かヒクギセル（57ページ）。湿度の高い日には石の上や木の幹の低いところをよく這っているので探してみよう。乾燥には強く、ビジネスビルの脇に放置された植木鉢の裏から見つかることもある。都内の街路樹の乾いた洞からも、生きた

個体を見つけたことがある。乾燥耐性<ruby>かんそうたいせい</ruby>のあるコハクガイやチャコウラナメクジ（24ページ）などと一緒に見つかることが多い。極端な乾燥には弱いようで、工事開発に伴う自然公園のレジャー施設化で、貝が死んで個体群<ruby>こたいぐん</ruby>が消滅したのを数例確認している。

　最近の研究で、ワスレナカタツムリ

ダニというダニや、吸虫<ruby>きゅうちゅう</ruby>（扁形動物<ruby>へんけいどうぶつ</ruby>の仲間）が本種に寄生することが明らかになった（人間には寄生しない）。宿主<ruby>しゅくしゅ</ruby>が若いナミコギセルならば、殻がクリアで内臓が透けるため、解剖しなくても内部に寄生するダニの姿が見えることがある。老成すると殻が白けて不透明になるため、そうはいかない。🐌

飼育中の個体。軟体部はやや暗い。朽木やトイレットペーパーなど、植物質のものをよく食べる。とても飼いやすいキセルガイの1つ。東京都産。

これも飼育中の個体。にゅっと突き出た触角がかわいい。東京都産。

冬眠中の個体。花壇に放置された板の裏にくっついていた。千葉県にて。

チャコウラナメクジ

Ambigolimax valentianus　コウラナメクジ科 *Ambigolimax* 属　　　　　　　　　　　体長：約3〜4cm

背中の黒い線がよく見える。雨が降ると地面や木の幹にわらわら出てくる。普段は上手に隠れているのだ。東京都の公園にて。

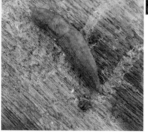

背中にある白い楕円が殻の名残だ。東京都にて。

花壇に放置された板の裏など、暗く湿った場所にいる。千葉県にて。

🫛 いま最も身近な陸貝のルーツは海外

ヨーロッパ原産の外来種（がいらいしゅ）。乾燥にとても強く、花壇や畑、住宅地周辺の生垣、芝生と土の隙間といった、一見陸貝にとって劣悪そうな環境でもしっかり生きている。この強靭な生命力のおかげで、いまや日本全国の都市部へ分布域を広げており、皮肉にも日本人にとって最も身近な陸貝の1つだ。

体の色は茶褐色で、背中の前から後ろにかけてバンドがあるが、成長につれてなくなることもある。体の前方3分の1には「楯」（たて）と呼ばれる肉の甲羅（こうら）

がある。その楯にはカルシウムででき
た殻の名残も内蔵されている。これは
かつてナメクジ類がカタツムリのよう
な大型の殻を背負っていた証拠だ。

　日本には、本種にそっくりな外来種
ニヨリチャコウラナメクジも侵入して
いる。外見だけでこの2種を見分ける
のは困難で、種を判別するためには解
剖して生殖器の形を観察する必要があ
る。関東地方では、チャコウラナメク
ジに混じってニヨリチャコウラナメク
ジがわずかに混じる印象だが、北海道
のある場所ではすべてニヨリチャコウ
ラだったことがあり驚いた。2種の個
体の割合は人間による移入歴の違いに
よって決まるのかもしれない。

冬、板の裏で寄り添っていた2個体。背中の黒いバンドのない個体。周りに
は本種のものと思われる粘液が輝いている。千葉県にて。

産まれて間もない個体。どんな生き物も
赤ちゃんのときはかわいい。千葉県にて。

本種のものと思われる卵。ゼリー状で柔
らかい。千葉県にて。

25

オナジマイマイ

Bradybaena similaris　ナンバンマイマイ科オナジマイマイ属

殻径：約2cm

晴れた日でも都市公園の石や朽木の下、街路樹の根元の落ち葉の下などに隠れている。ちょっと探せば簡単に見つかるだろう。東京都にて。

黄褐色の殻をもつ個体はふつうに採集できる。広島県産。

褐色の濃い個体。こちらのタイプのほうが個体数は少ない。茨城県産。

🐌 身近なマイマイは外来種

　殻（から）の色にバリエーションがある、やや小型のでんでんむし。ウスカワマイマイやコハクオナジマイマイと同じ場所に生息していることが多く、殻が似ているので混同されることもある。しかしながら本種は殻口が反転して厚くなり（ウスカワマイマイは反転しない）、肝膵臓（すいぞう）が褐色だ（コハクオナジマイマイは薄緑色）。

　人家周辺でよく見かける最も身近な陸貝（りくがい）の1つだが、実は東南アジア原産の外来種（がいらいしゅ）。湿度の高い日には、草の上や木の葉っぱの上、石垣の上を這っているのを観察できる。🐌

26

イブキゴマガイ

Diplommatina collarifera　ゴマガイ科ゴマガイ属

殻高：約4mm

雨の翌日、リター層の上に出てきた個体。殻サイズは4mmと小さいが、微小貝の中ではかなり大きな部類である。茨城県にて。

滴型の殻をもつ。殻口の殻軸付近に歯が見える。静岡県産。

砂粒かなにかと間違えてしまいそう。茨城県にて。

🐚 大きな微小貝

　雌雄異体でフタをもつ微小貝。殻表面は薄い板のような縦肋があり非常に美しい。ゴマガイの仲間にしてはかなり大型なので、僕は「大型の微小貝」とパラドックスを込めて呼んでいる。

　自然度が高めの場所で、湿った落ち葉や苔生したコンクリート壁を観察していると、その上を這っているのを見かけることがある。

　生息地では多産するので、1個体を見つけたら、その周辺にわんさかいることが多い。採集するなら、落ち葉をまとめて篩うか、そのまま持ち帰って家で探すと効率がいい。🐌

27

オオギセル

Megalophaedusa martensi　キセルガイ科オオギセル属

殻高：約4〜5cm

いるところには多産する。たくさん採れようが"いい貝"はいいもので、本種を見つけるとうれしくなることはいまも昔も変わらない。東京都にて。

重厚で大きな殻はとても魅力的だ。殻頂が丸っこいのも個人的には○。

南紀州の個体は栗色で大きくクリイロマルテンギセルと呼ばれる。

🐚 世界で最も大きいキセルガイ

　見出しのとおり、本種はキセルガイ科の世界最大種。日本で世界一のものが採れるなんてすばらしくないですか。殻は紫褐色あるいは黄褐色。東京都西部から中・四国地方東部まで広く分布し、雑木林やちょっとした山地のリター層などに生息する。

　たいへん立派なキセルガイで、野外で見つけたときの感動・満足度は著しく高い。僕が初めて採集した個体は、それはもうぼろぼろの死殻だった。けれども、それまで見てきたどのキセルガイよりも大きかったので、とても興奮したのを覚えている。🐚

マダラコウラナメクジ

Limax maximus　コウラナメクジ科マダラコウラナメクジ属　　　　　　　　体長：約15cm

日本のみならず世界的に分布している「トラベリング・スピーシーズ（旅行種）」と呼ばれる陸貝の仲間（3点とも提供：池澤広美氏）。

夜間に2個体が絡み合いぶら下がる交尾。黄色いつやつやの卵を産む。

生まれて間もない子供。どんな生き物でも子供はかわいいものだ。

🔴 ヨーロッパ原産のヒョウ柄外来種

　派手なヒョウ柄のナメクジとして知名度が高い。

　人の手によって最近、日本に持ち込まれた種で、2000年代になって国内でもその存在が報告されるようになった。

　最初に茨城県で報告され、現在では、北海道や、茨城県を中心とした関東圏

と近隣地域に分布を広げている。

　日本に入ってきたときにはすでに世界各地に侵入しており、どの国の貨物に紛れて入ってきたのかは不明だ。

　カナダに行ったときに、自然公園で見つけてここにもいるのかとびっくりしたことがある。

ゴマガイ

Diplommatina uzenensis cassa　ゴマガイ科ゴマガイ属　　　　　　　殻高：約3mm

殻には縦のヒダがありたいへん美しい。肉眼でそのヒダを観察するのはちょっと難しいので、実体顕微鏡に頼ることになる。3点の写真はいずれも富山県産の個体。

よく見ると、殻口の周縁部が二重になっている。

小さくて緻密な貝で掃除に苦労する。僕の技術では泥汚れが残ってしまう。

🍃 草のタネの形にソックリ!?

「ゴマガイ（胡麻貝）」という名前のとおり小型の陸貝だ。イブキゴマガイ（27ページ）よりも二回りほど小さい。

　この仲間は雄と雌が個体によって異なる雌雄異体。

　本州から四国にかけて分布する。雑木林や自然公園のリター層の中に集団で生息しているが、草のタネと大きさや形・色がよく似ているので、なかなか紛らわしい。

　言わずもがな、肉抜きはとても難しいので、標本にする際にはエタノールにしばらくつけてからよく乾燥させる方法がしばしば採用される。

アズキガイ

Pupinella rufa
アズキガイ科アズキガイ属

殻高：約1cm

落ち葉の下に集団で生息する。野外調査では、10分足らずでタッパーにこんもり採れることも珍しくない。

🐚 たくさん採れると小豆のよう

　もともとの分布は西日本。現在は東日本の一部地域にも移入しており、持ち込こまれた場所でたくさん増えて、国内外来種ないがいらいしゅ（国内の他地域から人為的に持ち込まれた生き物）となっている。

　おそらく東日本在来ざいらいの分解者ぶんかいしゃと餌や棲み場すばをめぐって競合していると思われるが、具体的にどのような悪影響があるのか、よくわかっていない。🐌

ヤマナメクジ

Meghimatium fruhstorferi
ナメクジ科ナメクジ属

体長：最大で約20cm

左は神奈川県の個体。落ち葉にそっくりだ。上は九州で採れた、僕の人生最大サイズの個体。

🐚 日本在来の大型ナメクジ

　山の中で出会った人が驚きの声とともにSNSに投稿するナメクジは、たいてい本種だ。背中は茶色く、まだら状の模様があるが、その色彩には個体差、地域差があり、また成長とともに体の色が変化していく。特に子供の体色は黄色い。どうも最大体長も地域によって異なるようで、体長20cmをゆうに超えるものもある。🐌

ヤマタニシ

Cyclophorus herklotsi
ヤマタニシ科ヤマタニシ属

殻高：約2cm

歩いているときには足の上にフタをちょこんと載せており、かわいい。高知県産の個体。

■フタがチャームポイント

いわゆるでんでんむしとは分類群が大きく異なる貝で、丸くて大きなフタをもち、軟体部を殻にしまうときにしっかりと殻口をカバーする。

僕が初めて採ったフタつき陸貝は本種だった。初めて採ったときはすごくうれしかったが、その後、西日本ならわりとどこにでもたくさんいる種だとわかって熱は徐々に冷めた。

キセルガイモドキ

Mirus reinianus
キセルガイモドキ科キセルガイモドキ属

殻長：約3cm

キセルガイとの区別は簡単とはいえ、木や石の壁にくっついている様子を遠目で見るとキセルガイっぽく見えてしまう。高知県産の個体。

■キセルガイと見分けるコツ

キセルガイに似ていることからこの名がついたが、本種の殻は右巻きなので、左巻きのキセルガイとの区別は簡単だ。さらに、殻はキセルガイよりも

ずっと太いし、キセルガイにあるような殻口内の歯はなく、殻内部のプリカのような構造も本種にはない。

分布域は北海道から九州地方ととても広いが、個体数はやや少なめ。

オオタキコギセル

Tauphaedusa digonoptyx
キセルガイ科 *Tauphaedusa* 属　　　　　殻高：約1.5cm

広域種

■ナミコギセルと見分けるコツ

　小型のキセルガイで、東北から北陸地方ま
で広く分布する。本種の殻はナミコギセルに
似ており、同じ場所で一緒に採れることもあ
るので、2種を混同してしまわないように注
意が必要だ。殻口内部の下軸板の有無で区別
することが可能（ないほうが本種）。

大量発生してニュースに取り上げられたことがある。

シリオレギセル

Megalophaedusa bilabrata
キセルガイ科オオギセル属　　　　　殻高：約1.5cm

■ポキっとお尻が折れている貝

　成貝はかなりの率で殻頂が折れていて、そ
れが名前の由来になっている。なぜ折れるの
か理由ははっきりしていないが、余分なカル
シウムを再吸収しているのだろうか？　西日
本の、やや自然度の高い場所のリター層中や
朽木の下にいる。

僕は尻の折れていない個体を"シリオレテナイシリオレギセル"と呼ぶ。

コハクオナジマイマイ

Bradybaena pellucida
ナンバンマイマイ科オナジマイマイ属　殻径：約2〜3cm

■淡い黄緑色がきれい

　西日本に自然分布するが、近年は関東地方
を中心に人為的に侵入している。侵入先の草
地や畑ではかなり増えて
いる。石灰質の卵を産む。

殻が透けて、薄い黄緑色の内臓が見え
ている（提供：池澤広美氏）。

本来の殻色は茶色く、他
の多くの陸貝と大差ない。

オカモノアラガイ

Succinea lauta
オカモノアラガイ科オカモノアラガイ属　　殻高：約2cm

●ロイコクロリディウムの宿主

　「オカ」モノアラガイの名前のとおり、モノアラガイという淡水貝にそっくり。しかし、この2種が属する分類群はかなり異なっている。ロイコクロリディウムをはじめ、さまざまな寄生虫の宿主になっており、寄生虫にとって重要な陸貝。

水滴型の殻はこのグループに独特のもの。

ウスカワマイマイ

Acusta despecta sieboldiana
ナンバンマイマイ科ウスカワマイマイ属　　殻高：約2cm

●殻の薄い日本在来種

　沖縄県以外の全国に分布する。この貝は畑や人家でよく見られる陸貝の1つだが、その中での数少ない在来種。家のそばに放置された植木鉢の裏や、日当たりのいい畑の角に積まれた野菜くずの下など、かなり暑そうな場所にも生息している。

殻は薄くて壊れやすい。成貝になっても殻口があまり厚くならない。

コベソマイマイ

Satsuma myomphala myomphala
ナンバンマイマイ科ニッポンマイマイ属　　殻高：約3cm

●よく出会う中型のマイマイ

　本州中部～四国、九州に主に分布する。個体数は多く、リター層をあさっているとよくころんと転がってくる。
広島の僕の実家の庭でもふつうに見られた。

湿度が上がると木の幹の低所を這いまわる。和歌山県産（提供：伯耆匠二氏）。

殻の巻数が多いので、肉抜きするときは要注意。

ケシガイ類

Carychium sp.
ケシガイ科ケシガイ属

殻高：約1〜2mm

広域種

🐚 日本最小陸貝の代表種

　沖縄県から北海道まで分布するが、種同定はかなり難しい。リター層で集団生活を送る。ゴマガイの仲間などの他の微小貝類と同所的に生息していることも多い。あまりにも小さいので、注意していないと見過ごしてしまうかもしれない。

名前のとおり芥子の種のように小さい。

ミジンマイマイ

Vallonia pulchellula
ミジンマイマイ科ミジンマイマイ属

殻径：約2mm

🐚 微塵のように小さな貝

　落葉と落葉の間や、石の裏、土くれの隙間などに棲んでいる。かなり小さいため、目が慣れないうちは本種を砂か何かと間違えてしまうだろう。

人家の近くなどにたくさんいる貝だが、小さすぎてふつうは気づかない。

殻径2mm。殻表面はやや粗く、殻口がラッパ状。

ニッポンマイマイ

Satsuma japonica
ナンバンマイマイ科ニッポンマイマイ属

殻高：約2cm

🐚 身近なおにぎり型の貝

　比較的乾燥した自然公園から、やや自然度の高い山中まで、さまざまな環境に生息する。雨上がりにリター層の上や木の幹の低いところをよく這っている。

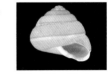

軟体部は細長く伸びる。新潟県産（提供：伯耆匠二氏）。

殻径、殻高いずれも2cmほどのおにぎり型。

ヤマキサゴ

Waldemaria japonica
ヤマキサゴ科ヤマキサゴ属

殻径：約1cm

■ 硬いフタと殻をもつ

　石灰質のフタをもち、軟体部を殻にひっこめるときにはこれで殻口にフタをする。アマオブネという海の貝に近縁で、いわゆるででんむしとはまったく異なるグループに属する。本州から九州まで分布し、産地では主にリター層の中で生活している。

多産する貝で、黄色や赤色の殻をもつ。これは東京都産の標本。

アツブタガイ

Cyclotus campanulatus
ヤマタニシ科アツブタガイ属

殻径：約2mm

■ 分厚い石灰質のフタをもつ貝

　雑木林のリター層内に生息し、落葉をあさっているとコロンと転がってくる貝の1つ。死ぬと肉が腐りフタが取れるので、生貝と死殻の区別は野外でも一目瞭然だ。殻の形が似ているヤマグルマと分布域が被っていて、フタの取れた死殻での判別は難しい。

殻表面はすべすべ。西日本を中心に分布する。

ヤマグルマガイ

Spirostoma japonicum
ヤマグルマガイ科ヤマクルマガイ属

殻径：約1.5cm

■ かわいい形のフタに注目！

　平たく巻いた陸貝で、とんがり帽子状のフタをもつ。この形のフタをもつ陸貝は、日本では他に見られないが、多産するのでコレクターからはそこまで重宝されないようだ。西日本の雑木林や竹藪のリター層の中から見つかる。個体数はとても多い。

殻はやや厚くて硬く、表面は成長脈があるがつるつるしている。

マルシタラガイ

Parasitala reinhaldti
ベッコウマイマイ科マルシタラガイ属　　　　殻径：約5mm

■アオキの葉をめくってこんにちは

　本州から九州に分布する。自然公園や雑木林で、低木の葉っぱについて生活している。近くの公園にアオキがあったら、その葉っぱを1枚ずつ丁寧にめくって観察してみよう。茶色っぽい粒が葉の表面についていたら、それはこの陸貝(りくがい)かもしれない。

殻はとても薄く、中の内臓が透けて見える。茨城県産。

ウラジロベッコウ

Urazirochlamys doenitzii
ベッコウマイマイ科ウラジロベッコウ属　　　　殻高：約1cm

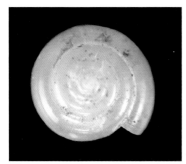

■こう見えて貪欲な捕食者！

　本種を含むベッコウマイマイの仲間は肉食(にくしょく)性で、他の陸貝(りくがい)を襲って食べている。このため、採集したベッコウマイマイは他の陸貝と一緒にタッパーに入れて持ち帰ってはいけない。輸送中に他の貝をまんまと食ってしまうのだ。

殻の裏が白っぽくなるため、他の種と比較的簡単に判別できる。

レンズガイ

Otesiopsis japonica
ベッコウマイマイ科レンズガイ属　　　　殻径：約1cm

■レンズ型の希少種

　とても得難い陸貝(りくがい)なうえ、殻(から)は薄くて割れやすいので、手やピンセットで殻を持つときは緊張して手が震えてしまうほど。本州から九州にかけて分布するが、まんべんなく生息しているわけでもないようで、産地は局所的なものとなっている。

まさにレンズ型。ネーミングセンスがいい（提供：高橋文昭氏）。

エゾマイマイ

Ezohelix gainesi　ナンバンマイマイ科エゾマイマイ属　　　　　　　殻径：約4cm

北海道

濃い茶色の個体。北海道では、このように下草の葉っぱの上に乗っかっているのをしばしば見かける。木には登らないようだ（提供：中尾稔氏）。

成貝になると、殻口は若干反り返る。表面は殻皮により艶々と鈍く輝く。

殻は薄くて、ピンセットでつまむと穴が開いてしまうことも。

◢ 色彩変異がはなはだしい北の大型陸貝

　主に北海道に分布するやや大型の陸貝で、日本最北端の種の1つ。本種の殻は色彩変異が激しく、黄色いものから黒いものまでさまざまだ。特に黒いものは、かつてブドウマイマイと呼ばれて区別されていた。殻の巻き数が少

なく標本をつくる際の肉抜きは楽だが、殻が薄いので壊さないよう注意が必要。

　北海道でよく見る大型のでんでんむしは、たいてい本種かサッポロマイマイ（40ページ）だ。本種のほうが殻の巻き数が少ないのと、成貝になっても殻

口があまり厚くならないので、明確に識別できる。また、本種が地上性で地面を歩くのに対して、サッポロマイマイは樹上性で、木の上の高いところに棲む。また本種は、オサムシなどに襲われたとき、殻をブンブン振り回して反撃する。

本種には、吸虫マイマイサンゴムシの幼虫が寄生することがある。この吸虫の成虫がヒキガエルから出たことがあり、これは本種がヒキガエルに食べられたことの証拠になっている。

本種は東北地方の一部にも分布する。その個体群は、環境省によって絶滅のおそれのある地域個体群に選定されており、消滅が心配されている。

どれも同じ場所で採れた個体。カラーバリエーションはとても豊富だ。殻は薄くて弾力があり柔らかい（提供：中尾稔氏）。

触角をしっかり伸ばして活動している様子。室内で撮影したもの（提供：中尾稔氏）。

やや明るめの黄褐色の個体。殻に浮き出た黒い不規則な模様は内臓が透けたもの。

サッポロマイマイ

Euhadra brandtii sapporo　ナンバンマイマイ科マイマイ属

殻径：約3cm

北海道

樹上性だが地面を歩くこともある。沢の近くで湿度が高く、活動しやすかったのだろうか。北海道のフィールドには本種がたくさんいる（提供：梅田剛佑氏）。

紫色のバンドがたいへん美しい標本。火炎彩とバンドのあるタイプ。

こうして見るとヒタチマイマイ（46ページ）と近縁なのもうなずける。

🔷 北海道の樹上で見かける陸貝美

　ころんとかわいい陸貝で、紫のバンドがひときわ目を引く。北海道ではやたら個体数の多い普通種だが、日本で一番美しい陸貝の1つではなかろうか。

　本種は樹上性で、木のかなり高いところまで登ってしまうので、採集する際には虫取り網を用意しておくといい。1本の木に30個体以上ついていたこともあり、まさに本種の実の成る木だった。冬眠と産卵以外は木の上で過ごすと考えられており、交尾も樹上で行なう。本種は樹上にいることで、地上を

歩く哺乳類やオサムシなどによる捕食を回避すると考えられている。一見、樹上は風通しがよくてカタツムリが生きていくには不都合そうだが、捕食されるよりは全然いいということだろう。しかし、近年日本に侵入してきた外来種アライグマは木登りが得意で、木に登った本種を捕まえて食べてしまう。

サッポロマイマイの築き上げてきた戦略が台なしだ。

本種には、キノボリマイマイサンゴムシ（きゅうちゅう）という吸虫の幼虫（ようちゅう）や、ダイダイカタツムリダニという寄生性のダニがいることもわかっており、寄生虫にとって本種は重要な宿主（しゅくしゅ）のようだ（いずれの寄生虫も人には寄生しない）。🐌

木の表面のコケや地衣類を食べる（提供：佐伯いく代氏）。

樹上の交尾の様子。長く伸びているのが本種の生殖器（提供：佐伯いく代氏）。

晴れの日の昼でも、湿度が高ければ活動する様子を観察できることも。

本種の個体がエゾマイマイカブリに捕食される実験の様子（提供：佐伯いく代氏）。

41

ヒメマイマイ

Ainohelix editha　ナンバンマイマイ科ヒメマイマイ属

殻径：約2cm

敵に襲われると、ただちに殻に閉じこもって、敵が去るまでひたすら耐える防御戦略をとっている（提供：中尾稔氏、佐々木瑞希氏）。

左はスタンダードなタイプ。右はカドバリヒメマイマイと呼ばれるもの。

貝屋にとっては、たとえ同種であっても右標本のほうが価値がある。

🐚 "お姫様"はちょっと小柄で個性的

似た環境に生息するサッポロマイマイ（40ページ）よりも殻サイズが二回りほど小さい。

殻のバンドの数、周縁部の張り出し、殻高に個体差や地域差が激しい。特に、殻が平らで周縁部が張る個体はカドバリヒメマイマイとして区別されていた

が、現在は他のヒメマイマイと同じものであることがわかっている。

巻きの数が多いので、標本を作る際の肉抜きでは、肉が途中で切れて残りやすい。殻の中で黒く腐った肉は外から透けて見えてしまい、標本が汚くなるため注意が必要。🐌

アポイマイマイ

Paraegista apoiensis
ナンバンマイマイ科 Paraegista 属　　　殻径：約1cm

■ アポイ岳のご当地カタツムリ

　細かい毛が生えた小型の貝で、殻はやや扁平。日高山脈にあるアポイ岳で1970年に発見・記載された、比較的新顔のカタツムリ。本種の毛の生え方は、オオケマイマイ類の周縁部から生える毛とはまた違ったタイプといえる。毛が生えている理由は不明。

毛は殻全体に密生するように生えている（提供：川名美佐男氏）。

北海道

サッポロコギセル

Tauphaedusa rowlandi
キセルガイ科 Tauphaedusa 属　　　殻高：約1cm

■ 北海道のキセルガイ

　北海道の南西部に分布するコギセルの仲間。殻は薄くて透けるので、表面がガサガサに白けた老成貝でもない限り、殻内部の構造（プリカ）がよく観察できる。自然公園のリター層などの他、やや乾燥した環境にも生息する。

ナミコギセルに似た貝だ（提供：川名美佐男氏）。

ホンブレイキマイマイ

Karaftohelix blakeana
ナンバンマイマイ科カラフトマイマイ属　　　殻高：約3cm

■ 日本最北端にいる陸貝の1つ

　北海道と礼文島に分布する。暖かい時期には、草の上にちょこんと乗っかっているのをよく見かける。殻のバンドの有無、殻の色には個体変異がある。本種の殻は薄く壊れやすく、殻のテクスチャはエゾマイマイに近い。

ヒメマイマイよりふっくらした殻（提供：川名美佐男氏）。

ミスジマイマイ

Euhadra peliomphala　ナンバンマイマイ科マイマイ属　　　　　　　殻径：約3cm

東北・関東

東京でカタツムリといえばコレ。木の表面を歩く個体をよく目にすることができる。ヤツデやアジサイの葉の上も狙い目。特に雨の後や早朝の発見率が高い。写真は東京都にて。

火炎彩の入った美しい個体で、標準的な模様の標本だ。伊豆大島産。

黒く火炎彩の入る個体は、トラマイマイとされていた。東京都産。

🍃 出会いは、雨あがりの木の上で

東京都や神奈川県などの利根川以南の関東圏や、伊豆諸島でふつうに見られる。23区内でも、ちょっと自然の残った公園や、大学のキャンパス内で観察可能だ。これらの地域で見つかるでんでんむしはこの種のことが多いが、

ヒダリマキマイマイ（51ページ）も同じ環境に棲んでいるので注意が必要だ。殻は、この仲間にしてはやや扁平だ。3本線が殻に入るのが名前の由来だが、2本以下しかない個体も多い。木の上が好きで、雨の日に木に登っているの

44

をよく見かけるので、この種を探すならそのタイミングでお出かけしよう。晴れの日は、木の上について休んでいたり、落ち葉の下に隠れている。

　黒く火炎彩のある個体はトラマイマイと呼ばれていた。別種のように見えるけど、実はミスジマイマイのバリエーション。個人的にはこっちのほうが

カッコよくて好き。トラマイマイ型の個体は分布域の北西部でよく見られるが、その場所ではふつうのミスジマイマイ型も混在している。静岡県の一部地域にはシモダマイマイと呼ばれていたものがいるが、これも現在は同じものと考えられている。

樹上性とはいえ、落ち葉の下や朽木の裏に隠れた個体も多い。暗い林床で落ち葉の積もったところを探してみよう。写真は東京都で撮ったもの。

シモダマイマイと呼ばれていたもの。バンドの少ない個体が多い。静岡県産。

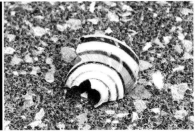

不自然に割れた本種の殻。捕食者に食われた残骸と思われる。神奈川県にて。

ヒタチマイマイ

Euhadra brandtii　　ナンバンマイマイ科マイマイ属　　　　　　殻径：約3cm

小枝で休んでいる個体。緑
とのコントラストが美しい。
枝の上を這っているところ
で日が昇り、湿度が下がっ
たので歩くのをやめたのだ
ろう。茨城県にて（提供：
池澤広美氏）。

新潟で集団冬眠していた個体の標本。
殻のバンド（色帯）は途切れ途切れ。

火炎彩のせいか、殻表面の艶が少な
く、ざらついて見える。

🔵 利根川以北で出会う "手の届かない貝"

　利根川以北の代表的な右巻きのでん
でんむし。公園、河川敷、大学のキャ
ンパスなどいたるところで見られる。
北海道のサッポロマイマイ（40ページ）
とは種レベルで同じ。本種の分布域に
は左巻きのヒダリマキマイマイ（51ペ

ージ）がいるので区別が必要だ。
　火炎彩のある殻をもつ個体が多いが、
他のマイマイ類よりも色あせた印象で、
本当の意味で"バタくさい貝"だと思
っている。殻に色帯をもつ個体が多い
が、その色帯は火炎彩によって途切れ

て点線状に見える。

　木の上が好きで、雨の日に木の幹や葉っぱの上を歩いているのがよく観察される。地上にはあまり降りてこないマイマイで、新潟県で木の根元の土の中で集団冬眠していたのを見つけたときが、僕の唯一地上で本種を発見した経験だ。この他に、僕は本種が直接地べたに触れて這う姿を見ていない。

　暖かい時期には、とても手の届かない木の高いところにも平気で登っていく。木の枝や草の茎で休んでいる様子は、草の緑と殻の色が映えて、とてもサマになって美しい。尾瀬の個体は一回り大型で、オゼマイマイと呼ばれていた。

晴れた日に、木の幹で休んでいる個体。木の皮のめくれたところに入り込んでいるが、日陰になるところに隠れたかったのだろうか。茨城県にて。

雨あがりに木の幹の上を這いまわる。木の上が好きなようだ。茨城県にて。

オゼマイマイと呼ばれる大きな個体（提供：伯耆匠二氏）。

ハコネギセル

Megalophaedusa hakonensis　キセルガイ科オオギセル属

殻高：約3cm

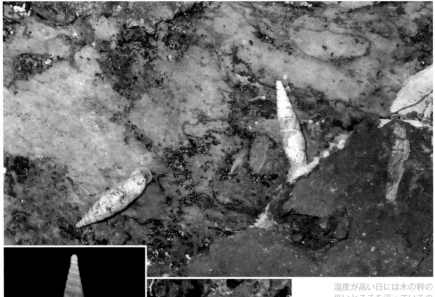

湿度が高い日には木の幹の低いところを這っているのを観察できることもある。大きいキセルガイなので、野外でも目立つ。

お気に入りの標本。若い成貝の殻は光沢があって美しい。千葉県産。

朽木の裏についていた個体。いるところにはけっこういる。

🐚 茶色く光る殻がきれいなキセルガイ

　本種は、関東地方西部〜静岡県を中心に、自然度が高めの場所に分布している。生息地では、朽木の下やリター層から見つかることが多い。

　野外では、老成して殻皮が剥がれて殻がむき出しとなり白けてしまった個体も多いが、若い個体の殻は茶褐色で光沢があり、つるつるしていて美しい。体サイズもそこそこ大きいので、採ると楽しい気持ちになる貝だ。

　ハコネマイマイと違って、箱根山でもそれなりの規模の個体群がちゃんと維持されているようだ。🐌

ヒカリギセル

Zaptyx buschii　キセルガイ科ノミギセル属　　　　　　　　　　殻高：約2cm

生息地では集団で生活していることが多く、サンプリングではたくさんの個体が一度に採れることが多い。茨城県にて。

老成した個体の殻表面は、殻皮が剥がれて白けてゆく。茨城県産。

右の個体が若い成貝。左の個体は擦れて殻皮が剥げている。神奈川県産。

🐌 光るのは若者だけ

　東北地方から中部地方にかけて一般的に見られるキセルガイ。中型で、若い個体は殻表面がぴかぴかに光る。

　比較的乾いたところでも平気で生きているようで、自然公園の花壇や、乾いてカサカサになった朽木など、「こんなところで採れるのか」と意外に思える場所でたくさん採れる。

　一方で、このキセルガイは湿り気の豊富な自然豊かな山地にもいるので、乾燥が大好きというわけではないようだ。ちなみにこの貝には、槍形吸虫の仲間が寄生していることがある。🐌

49

アオモリマイマイ

Euhadra aomoriensis　ナンバンマイマイ科マイマイ属　　　　　　殻径：約4cm

東北・関東

本種の生殖孔は右側にあるので、生殖孔が左側にあるヒダリマキマイマイとは交尾できない。岩手県産（提供：伯耆匠二氏）。

殻の光沢は強い。岩手県産。

殻高が高く、殻口が大きいため、大味な印象の貝だ。

🐚 右巻きでんでんむし東北代表

　東北地方でよく見かける右巻きででんむしの1つ。

　軟体の背側に茶色い模様があることが多い。ヒダリマキマイマイと近縁な種で、遺伝子が変異して鏡像の種として進化したものであることがわかっている。ただ、完全に鏡写しの形にはな

っておらず、ヒダリマキマイマイのほうが殻口が大きいように見えてしまうのは気のせいだろうか？

　"アオモリ"マイマイと名づけられてはいるものの、青森県以外にも秋田県・岩手県・宮城県といった東北地方に広く分布している。🐌

ヒダリマキマイマイ

Euhadra quaesita　ナンバンマイマイ科マイマイ属

殻径：約4cm

殻が茶色い色彩パターンは山地にいる個体に多い。こういった個体は、かつてチャイロヒダリマキマイマイと呼ばれていた。

新潟県で採集した大きなヒダリマキマイマイ。サイズには個体差がある。

左と同個体の殻を上から見たもの。左巻き＝反時計回り。神奈川県産。

🍃 東日本でメジャーな左巻きの貝

　殻高が高く殻口が大きいため、全体のシルエットが丸みを帯びる。殻高と殻径はともに大きく、関東では最大種となるだろう。アオモリマイマイ（50ページ）とはわけあってとても近縁だ。

　東日本で最もふつうに見られる左巻きのカタツムリで、自然公園、里山、海岸近くの人家の植え込みなど、さまざまな場所でごくふつうに見られる。

　木の高いところにはあまり登らず、地面に比較的近いところの草本や木の幹、じめじめしたコンクリート壁などに張りついていることが多い。🐌

51

オオトノサマギセル

Megalophaedusa rex　キセルガイ科オオギセル属　　　　　　　殻高：約4cm

大型のキセルガイで迫力がある。産地では1個体ずつばらばらに見つかることが多く、小型のキセルガイのように集団でいることはあまりない。静岡県産。

プリカがよく見える（矢印）。実験室でしばらく歩き回っていた。

こちらは黄褐色の個体。静岡県産。伊豆から奥多摩付近まで分布する。

🐌 まるで陶芸品のような貝

　大型のキセルガイ。殻頂は丸く、殻は厚くて固くとても堅牢で、殻色は茶色くつるつるだ。僕の好きなキセルガイで、まるで何かの陶芸品のよう。

　自然度の高い山の沢沿いのガレ場では、そこそこの個体数を見つけることも。この手のキセルガイはガレ場の石の裏によく潜んでいるので、石を1つひとつ丁寧に裏返して探すと効率よく採集できる。土に半分埋まった状態で生貝が採れることもあるが、いったい何を思って半分だけ埋まっていたのか……。オクガタギセルと一緒に採れることがある。🐌

スルガギセル

Megalophaedusa surugensis　キセルガイ科オオギセル属　　　　　殻高：約1.5cm

朽木の下やリター層の中に棲んでいることが多い。ヒカリギセルと一緒にいることが多く、小ぶりのヒカリギセルと似ていて紛らわしい。殻口の皺の有無で区別できる。神奈川県産。

カッコいいが、ネットに情報が少ない。もっと注目されてもいいのに。

殻口の皺の拡大図。いったい何のためにこの皺があるのだろうか。

東北・関東

🐚 キセルガイの皺に萌える

　小ぶりのキセルガイ。名前のとおり、主に駿河の国（神奈川県～静岡県）に主に分布する。殻口は厚く、いくつものカッコいい皺があるのが特徴だ。こういった皺をもつキセルガイの種は日本ではとても少ないので、野外で採集できるとうれしくなる。

　自然公園や住宅地裏の雑木林などでも見られるが、個体数はあまり多くない。僕のスキルでは一度の採集で2～4個体採るのがせいぜいだ。

　本種の肺には、ワスレナカタツムリダニが寄生していることが最近報告されている。🐌

53

ヤグラギセル

Megalophaedusa yagurai　キセルガイ科オオギセル属

湿度の高い日には、たくさんの個体がコケや落ち葉の上に這い出してくる。一方で、冬にはまったくといっていいほど採れなくなる。東京都にて。

殻色がややオレンジがかった個体。殻頂は丸みを帯びる。東京都産。

殻は小さいが太短くずんぐりとしている。殻はやや薄くてもろい。

🐌 関東一の美しいキセルガイ

　パステル調のオレンジ色の殻をもち、殻頂（かくちょう）は尖（とが）らず丸っこく、総じてとてもゆめかわいい。関東地方で一番美しいキセルガイではなかろうかと、僕は思っている。

　奥多摩（おくたま）とその周辺の石灰岩（せっかいがん）地帯に生息する。夏季には、ガレ場の石の上、リター層、地表のコケの上で集団生活を送っているが、どういうわけか冬にはきれいさっぱり姿を消してしまう。おそらく、夏季の生息場とは別の、人目につかないところで冬眠しているのだろう。

東北・関東

チュウゼンジギセル

Megalophaedusa sericina
キセルガイ科オオギセル属

殻高：約2.5cm

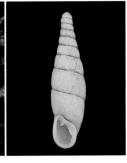

関東地方を中心に
分布している。こ
の標本は老成して
殻皮の剥げたもの。

イモムシ型のキセルガイ

本種を含むグループの陸貝は殻頂が丸いのが特徴で、殻がイモムシに見える。僕は殻頂の丸いキセルガイが好きなので、この貝は見つけるととても<ruby>かくちょう</ruby>嬉しくなる種の１つなのだが、関東地方では若い個体をあまり見かけないので、この種がちゃんと生息地で再生産して子孫を残しているのか心配だ。

東北・関東

ハブタエギセル

Megalophaedusa decussata
キセルガイ科オオギセル属

殻高：約1.5cm

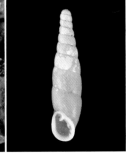

リター層の下に生
息する。若い個体
は殻に光沢があり
飴色に鈍く輝く。
茨城県産（左写真
提供：池澤広美
氏）。

飴色の殻がかわいい

殻頂は丸く、明るい褐色で、殻は厚くとても堅牢な印象を受ける。若い個体の殻は飴色に輝き、殻から内臓が透けて見える。

筑波山（つくばさん）やその周辺地域に生息しており、生息地では集団で生活していることが多い。リター層の下から特によく見つかるが、湿度の高い日には石を登っていく姿を見かけることもある。

オクガタギセル

Megalophaedusa dorcas
キセルガイ科オオギセル属

殻高：約3cm

オオトノサマギセルの奥さま？

　大型のキセルガイ。殻頂は丸く殻が堅牢で、その点オオトノサマギセル（52ページ）とちょっと似ている。本種はオオトノサマギセルと同じ場所に生息していることが多い。別種なので夫婦になることはないけれど、一緒にいるのを見るととほっこりする。

オオトノサマギセルより二回りほど小さい。関東〜中部。

東北・関東

ヒメギセル

Megalophaedusa micropeas
キセルガイ科オオギセル属

殻高：約1cm

触ったら壊れてしまいそう……

　殻はとても細くて半透明。繊細な殻をもつ可憐な貝だ。北海道から中部地方に主に分布する。生息地では、木の洞の中の崩れたくずの中、朽木の裏、あるいは朽木や樹木の幹表面を歩いていることが多い。殻を引きずって歩く様子がとてもかわいい陸貝だ。

小さくて細いので、茹でて肉抜きするのに神経を使う。東京都産。

ツメギセル

Megalophaedusa rhopalia
キセルガイ科オオギセル属

殻高：約2cm

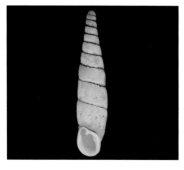

思い出の貝は準絶滅危惧種に

　殻全体が横にあまり膨れないので、全体のシルエットとして寸胴な印象を受ける。関東地方西部〜愛知県東部に分布する。生息地での個体数は少なく、ふつうに採れる貝ではないはずだが、陸貝をはじめたてのころにビギナーズラックで採ったことがある。

主に朽木の裏やリター層中で生活している。東京都産。

ヒクギセル

Stereophaedusa gouldi
キセルガイ科ヒクギセル属

殻高：約1.5cm

■関東の公園でよく見かける貝

　ナミギセル（18ページ）をぎゅっと濃縮したような小さな陸貝だ。千葉県や静岡県にいる個体群（こたいぐん）は少し細長く、かつてホンダギセルと呼ばれていた。関東地方の自然公園で集団生活しているのをよく見かける。関東地方〜東海地方の南側を中心に分布する。

殻口内部の形や、殻表面のざらざら感がナミギセル似。千葉県産。

ツムガタモドキギセル

Megalophaedusa platyauchen
キセルガイ科オオギセル属

殻高：約3cm

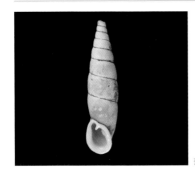

■どこかしら肉感的な貝

　殻口（かくこう）が厚く、全体的にむちむちした貝だ。東北地方から近畿地方の一部にかけて分布する。ツムガタギセルという貝がいて、それの"モドキ"なのだろうが、見た目は似ていないし産地も違う。どちらかというと、本種はハコネギセル（48ページ）にそっくりだ。

殻の中ほどがむにっと膨れた紡錘型をしている。東京都産。

イワデマイマイ

Euhdra decorata iwadensis
ナンバンマイマイ科マイマイ属

殻径：約4cm

■ほれぼれする見事な成長脈

　やや大型の陸貝で、殻（から）は左巻きで背が高め。成長脈（せいちょうみゃく）が荒くてとてもカッコいい貝だ。名前のとおり東北地方の山奥に生息する。学名の亜種名（あしゅめい）も iwadensis で、命名時にあえて「い・わて」にしなかったところに、日本語の雅（みやび）を感じさせられる。

軟体部の背中は暗く、褐色の模様がある（提供：伯耆匠二氏）。

イセノナミマイマイ

Euhadra eoa communisiformis　ナンバンマイマイ科マイマイ属　　　　　　　　殻径：約4cm

雨が降るとどこからともなく出てきて地面や低木を這いまわる。あまり高いところには登らない模様。城跡や公園でも案外見つかる。岐阜県にて。

成長脈が荒々しい。殻が大きいので存在感がある。

左と同個体で、殻色はスタンダードな黄褐色。静岡県産。

🔵 殻全体から出る荒々しいオーラ

　伊勢のナミマイマイ、という名前が示すとおり、本種は伊勢湾周辺を中心に広く分布する。愛知周辺では本種が一般的なでんでんむしとなっており、自然公園のリター層の中、生垣の木の枝先、川のほとりの竹やぶの竹などな

ど、人里近くでもそれなりの個体数を見つけることができる。
　殻表面の成長脈がとても強く、殻全体から荒々しいオーラが出ており、伊勢の荒波を思わせる陸貝だ。殻の色には個体差があり、殻の色が茶色あるい

は明るい黄褐色だったり、殻に走る茶褐色のラインは個体によってあったりなかったりとさまざまだ。ちなみにナミマイマイ（72ページ）ではなくヒラマイマイという陸貝の仲間。

　僕が陸貝を集め始めたビギナーだったころ、雨あがりの浜松の駐車場の生垣で、本種がわらわら現れたのを発見して、いたく感動したのを覚えている。最近になって、当時と同じ場所を訪れたところ、果たして本種はまったくいなかった。最近、カタツムリを見なくなってきた……というのは頭ではわかっていたけれど、思い出のある産地がダメになっていたのは悲しかった。

それなりの数を採集して解剖してきたが、本種からはまだ寄生虫が出てきていない。まだ出会えていないだけで、きっといるはず。和歌山県産（提供：伯耆匠二氏）。

こちらは殻色の茶色いバリエーション。前ページの個体と同じ場所で採集されたもので、殻サイズも一回りほど大きい。静岡県産。

ハコネマイマイ

Euhadra callizona　ナンバンマイマイ科マイマイ属　　　　　　　殻径：約2.5cm

中部・近畿

早朝、キャンプ場から抜け出して散歩していたときに出会った個体。そこそこ高い木の上をせっせと動き回っていた。静岡県にて。

殻はやや薄く、生きているときには軟体部がよく透ける。

左と同標本。小さくてかわいい陸貝だ。静岡県産。

🥟 おにぎりみたいな小さな白い貝

　おにぎりみたいな姿のかわいい小型のカタツムリ。軟体部が透き通るような白色で美しい。トークイベント「大人の科学バー」で標本を回覧した際に、参加者から特に好評だった種の1つだ。

　本種は、東京都から静岡県にかけて分布する。これらの地域では、やや自然度の高い山地の木の上で生活しており、乾燥した昼間には葉っぱの上で休んでいる個体を見つけることができる。木のかなり高いところまで平気で登るので、採集時には虫屋さんが使うつな

ぎ棒つき虫取り網が必要だ。叩き落す
だけなら棒で事足りるが、貝の落下地
点がわかりにくいので網のほうがいい。

　本種は軟体部を細長く伸ばすことが
できるのだが、おそらくこれは木の上
で枝から枝にスムーズに乗り移るため
のものだろう。

　ハコネの名前を冠するが、残念なが

ら現在の箱根山で見かけたことはない。
聞くところによると、箱根山での本種
の個体数はかなり少なくなっていると
いう。

　ハコネマイマイの肝膵臓や腎臓には、
キノボリマイマイサンゴムシという吸
虫の幼虫が感染している（人間への感染
例はない）。🐌

軟体部を長く伸ばして枝から枝に移るこ
とができる（提供：伯耆匠二氏）。

殻の色もさることながら、軟体部が白く
透けて美しい（提供：伯耆匠二氏）。

軟体部の背にバンドのある個体。模様に
は個体差がある（提供：伯耆匠二氏）。

ガードレール表面のコケを食べている途中
で、そのまま休眠した個体。静岡県にて。

ニシキマイマイ

Euhadra sandai kuramana　ナンバンマイマイ科マイマイ属　　　　　　　殻径：約5cm

緑の石垣を這う姿は、人間の目からはたいへん目立つが、外敵から襲われたりしないのだろうか。背中の一本線がとても美しい。京都府にて。

たくさんの火炎彩があり、標本を飾ると存在感がある。京都府産。

殻は厚く、殻サイズは日本産陸貝の中でもかなり大きいほう。

🍃 心配になるほど際立つ美しさ

　大型のマイマイで、黒地に火炎彩のある殻がとても美しい。軟体部の背中には黒い線がある一方で、体表面は鮮やかなオレンジ色。さらに、足の裏は透明感のある灰色で、それらのコントラストも美しい。本種は日本で一番美しい陸貝ではなかろうか。

　僕の部屋には、本種が3個体飼育されている。もともとは解剖用のため京都府で採集してきた個体だったのだが、美しすぎて解剖できず、そのうち情も移ってますます解剖しにくくなり、そ

のまま飼育を続けているものだ。飼育個体は、僕と一緒にAbema TVでネットデビューした。それから、「大人の科学バー」に持っていったら参加者にウケた。生かしておいてよかった。

本種は近畿地方から北陸地方の自然度の高い山地に生息しており、湿度の高い日にはリター層の上や石の上を這っている。軟体部のオレンジは遠くからでもよく見える。あまりにも目立つので、鳥やタヌキなどの捕食者からも見つかるのではないかと心配になるのだが、もしかすると、背中の黒の一本線がうまく作用してリター層の上ではカモフラージュになるのかもしれない。

石の陰で一休みしていた個体。火炎彩の散らばり方は個体によって異なり、この個体は太い火炎彩が一本走っている。京都府にて。

茶色い背景だと案外カモフラージュになっているのかも（提供：伯耆匠二氏）。

木の枝に登って休んでいる個体。左とともに兵庫県産（提供：伯耆匠二氏）。

エチゴマイマイ

Euhadra grata echigoensis　ナンバンマイマイ科マイマイ属　　　　　　　殻径：約3.5cm

中部・近畿

木の高いところで生活するので採集が難しい。冬眠のときはさすがに地面に潜るわけだが、新潟県の冬は雪に閉ざされている（提供：伯耆匠二氏）。

たいへん荒々しい成長脈（提供：石川謙二氏）。

周縁部が竜骨上に鋭く尖る（提供：石川謙二氏）。

🍃 日本で一番カッコいいカタツムリ

　新潟県の山奥に生息する珍品。殻の周縁部は鋭く尖っており、その表面にははっきりとした成長脈が隆起しており、全体的にごつごつしている。さらに左巻き。この貝は日本で一番カッコいいカタツムリだと思う。

　この陸貝は、ブナ林のかなり高いと

ころまで登って生活する。そのため、採集時には、10mほどのつなぎ棒でつついて落とす必要があるのだとか。実は、僕はこの貝を自分で採ったことがない。いつか長い棒を持って、自分でこの貝を採りに行くのが当面の僕の目標だ。🐌

クチベニマイマイ

Euhadra amaliae　ナンバンマイマイ科マイマイ属

殻径：約3cm

鮮やかな紅色にはどんな意味があるのか、それとも意味なんてないのか、その辺のはっきりしたことはわかっていない。写真は三重県の個体（提供：伯耆匠二氏）。

殻の模様にはバリエーションがある。奈良県産。

左と同個体。スタンダードな個体と比べると殻口の紅色がやや薄い。

🍃 鮮やかな口紅をつけたような麗しさ

　軟体部の白色と口紅のような模様が、触角の暗い色とのコントラストも相まって、とても美しい陸貝だ。口紅模様の濃淡には個体差がある。

　このマイマイは、近畿地方などに分布する。これらの地域では、クチベニマイマイは自然公園や大学のキャンパスなどの身近な場所で見られる、ごくふつうのでんでんむしだ。伊豆諸島の三宅島でも本種の生息が報告されている。

　暖かい時期には、木の幹や枝の表面で生活しているので、見つけるのも簡単だ。🐌

65

ナチマイマイ

Euhadra nachicola 　ナンバンマイマイ科マイマイ属

産地が限定的なので、採りすぎなどによる個体群の減耗が心配される（提供：伯耆匠二氏）。

背中にまだらがある。なかなか出会えない陸貝だ（提供：伯耆匠二氏）。

殻表面は細かい成長脈があり、すべすべしている（提供：石川謙二氏）。

かすかな紫色に感じる高貴な美しさ

　成長脈が弱く殻表面はつるつるしている大型のマイマイ。少し濡れた本種の殻は艶やかで、見るだけでほれぼれしてしまう、美術品のような陸貝だ。殻の色はやや紫がかっており、特に殻頂部の少し殻皮の擦れたところを見てみよう。真っ白ではなく、若干紫色に

なっているのがわかるだろうか。この色は、高級感があってたいへんよい。

　本種は、和歌山県の那智山に分布するド珍品。基本的に、昼間は物陰に隠れて出てこないので、見つけるためには夜まで待つか、あるいは雨が降って出てきた個体を探す必要がある。

ノトマイマイ

Euhadra senckenbergiana notoensis　ナンバンマイマイ科マイマイ属

北陸で自然公園や雑木林、城跡などを散策するとわりと簡単に見つけることができる。富山県の公園にて。

本種は木の上に登っていることが多かった。これはバンドのある個体。

こちらはバンドのない個体。どちらも富山県産の個体。

🐌 北陸生まれのむっちりした貝

　北陸地方に分布し、この地域ででんでんむしを見つけたらたいてい本種である。暖かい時期には木の上で生活していることが多い。

　他のでんでんむしと同様に、色帯の有無には個体変異がある。殻はやや膨らんでむっちりとした印象だ。殻には艶が乏しく、若干のバタ臭さが漂う貝だ。ちなみにノトマイマイは、クロイワマイマイ（71ページ）の低地に分布するタイプの亜種だ。殻の成長脈がやや荒いのと、軟体部にまだら模様があるのが本種とクロイワマイマイとの形態的な共通点だろう。

ミヤマヒダリマキマイマイ

Euhadra scaevola scaevola　ナンバンマイマイ科マイマイ属　　　　　　　　殻径：約3cm

野外でぜひとも出会いたい貝の1つ。たまに鳥に食われて穴が開いた殻が転がっている。なんとももったいない。写真は静岡県の個体（提供：伯者匠二氏）。

成長脈がくっきり見えるので渦を巻いているようだ。静岡県産。

左と同個体。周縁部にバンドがあり、その直下がやや尖っている。

🐚 見ごたえある、いかつい貝

　左巻きのでんでんむし。殻は濃い茶色で、周縁部がやや尖り、成長脈が荒く盛り上がっており、全体的にいかつくて見ごたえがある陸貝だ。本種は関東地方西部〜近畿地方にかけて広く分布し、リター層内や沢沿いのガレ場で生活するが、個体数の少ない珍貝なの

で、おいそれと採れるものではない。

　本種の寄生虫調査の際、軟体部を取り出すため、このカッコいい殻を壊したことがある。残念ながら、本種からは寄生虫は出ず、破壊行為に見合った成果はなかった。いま思えば、殻と一緒に僕の心も砕かれたと思う。🐌

ムラヤママイマイ

Euhadra murayamai　ナンバンマイマイ科マイマイ属

殻径：約3cm

生息地がピンポイントな珍貝。いつか、この陸貝から寄生虫を見つけてみたいものだが、そのためには殻を壊さなければならないというジレンマがある（提供：伯耆匠二氏）。

殻を上から見た姿は、他のカタツムリと変わらないのだが……。

左と同個体。正面から見ると印象がまったく異なる。

右

中部・近畿

🐌 ぺろぺろキャンディーみたいな貝

　新潟県にある明星山の石灰岩の崖で生息する珍しい陸貝。殻は左巻きで、成長脈はそこまで盛り上がらず、殻表面はすべすべしている。殻のバンドの色と相まって、まるでぺろぺろキャンディーのような陸貝だ。

　本種の殻は殻高が低くせんべいのよ

うに平たいが、これは崖の岩の隙間に入って隠れて生きるのに適した形と思われる。また、殻が厚くて丈夫なので、崖から転げ落ちても壊れにくいと思われる。湿度が上がると、本種は崖の隙間から出てきて、周りの植物の表皮を食べるという。🐌

69

オオタキマイマイ

Euhadra grata grata
ナンバンマイマイ科マイマイ属

殻径：約3cm

殻表面は独特の殻皮におおわれて艶やか。山形県産（提供：2点とも伯耆匠二氏）。

■ 左巻きの美しいカタツムリ

殻が薄くてはかなげで、表面にはフィルムのようなつやがあるので、成長脈はやや粗いがゴツゴツした印象はまったくない。新潟県から東北地方にかけて分布する。大滝五百太という貝の研究者にちなんで名づけられた。エチゴマイマイ（64ページ）はこのオオタキマイマイの亜種なのだが、殻の形が全然違うのでびっくりだ。

シゲオマイマイ

Euhadra sigeonis
ナンバンマイマイ科マイマイ属

殻径：約4cm

学生から親しみを込めて「シゲオさん」と呼ばれている。和歌山県産（左写真提供：伯耆匠二氏）。

■ 研究者から名前をもらう

本種の和名は、貝類研究者の江村重雄にちなんで命名された。同氏の名字はエムラマイマイ（73ページ）の和名にも献名されており、同氏は名前と名字が別々のマイマイの名前になったすごい人だ。分布の中心は紀伊半島南部。本種はこの地域で見られるふつうのカタツムリで、雑木林の木の幹についていたりする。

エンドウマイマイ

Aegista commoda
ナンバンマイマイ科オオベソマイマイ属　　殻径：約1cm

種の同定は至難の業

　中部地方を中心に分布する。殻色は茶色く、殻の形はきれいな円錐形。殻表面には若干艶がある。やや乾燥した草地で採集できることもある。本種と似た陸貝は多く、種の同定は難しい。

小ぶりで特徴に乏しい貝。軟体部は黒い。岐阜県産。

クノウマイマイ

Euhadra kunoensis
ナンバンマイマイ科マイマイ属　　殻径：約3cm

久能の周りにしかいない陸貝

　かつてはミスジマイマイ（44ページ）の亜種とされていたが、最近の研究ではヒタチマイマイ（46ページ）に近い独立種とするのが妥当とされる。名前の由来は静岡県の地名の久能からで、その周辺にしか分布しないのだ。

殻色や模様には変異がある。静岡県にて（提供：伯耆匠二氏）。

中部・近畿

クロイワマイマイ

Euhadra senckenbergiana senckenbergiana
ナンバンマイマイ科マイマイ属　　殻径：約4cm

大型で重厚、そしてレアな陸貝

　大型のマイマイで、新潟県から近畿地方東部にかけて分布する。分布は広いが個体数は少なく、そもそも自然度の高い場所に生息するため、ふつうに生活している限り見かけることの少ない陸貝だ。軟体部にはまだら模様がある。

黒光りする殻皮、紫の殻、細かく刻まれた成長脈が美しい。新潟県産。

ナミマイマイ

Euhadra sandai communis
ナンバンマイマイ科マイマイ属

殻径：約3〜4cm

■ ニシキマイマイと亜種レベルで違う

　近畿地方を中心とした地域で、身近な場所で観察できるふつうのでんでんむしの１つ。本種はニシキマイマイ（62ページ）と近縁で、軟体部の背側に黒い線があり、殻表面に成長脈が強く現れる点が共通している。

美しい普通種だ。兵庫県産（提供：川名美佐男氏）。

ハクサンマイマイ

Euhadra latispira latispira
ナンバンマイマイ科マイマイ属

殻径：約5cm

■ 高級感が漂う珍貝

　殻の色には黄褐色から濃い茶褐色まで個体差がある。殻はとても大きく、表面には成長脈が細かく刻まれ、さらに殻皮に鈍い光沢・艶がある。石川県などに分布し、個体数がとても少ない珍貝だ。軟体部の背面には、ニシキマイマイのような黒い線がある。

成長脈がたいへん美しい陸貝だ。石川県産（提供：川名美佐男氏）。

ハチノコギセル

Megalophaedusa kawasakii
キセルガイ科オオギセル属

殻高：約2cm

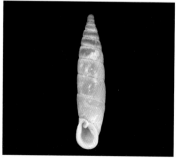

■ ハチの幼虫のような姿

　愛知県と静岡県の石灰岩地域に分布するキセルガイ。名前のとおり、ややふっくらした寸胴で、まるでハチの幼虫のようだ。リター層に生息しているが、そんなに個体数は多くない。手元にある標本２個のうち、１個は洗浄中に壊してしまった。無念。

これは無事なほうの個体。

ホソヤカギセル
Megalophaedusa hosayaka
キセルガイ科オオギセル属　　　　　　　　　　殻高：約2cm

■名は体を表す……ハズだった

　殻口が小ぶりで、殻全体のシルエットが直線的なので、殻がたいへん細やかに見える。静岡県、長野県、三重県などに飛び地的に分布し、リター層や朽木の下で生活する。学名は、誤綴りのためか「ほ"さ"やか」になってしまっている。

いい和名をつけたものだ。静岡県産（提供：石川謙二氏）。

ミカドギセル
Megalophaedusa mikado
キセルガイ科オオギセル属　　　　　　　　　　殻高：約2cm

■細長く巻かれている殻がカッコいい

　岐阜県と滋賀県を中心とした伊吹山系の石灰岩地に分布し、林床のリター層内などで生活する。岐阜県の金生山が本種の有名な生息場だが、そこは場所・生息する陸貝ともに県の天然記念物に指定されている。

中部・近畿

帝の名にふさわしい陸貝だ。滋賀県産（提供：川名美佐男氏）。

エムラマイマイ
Euhadra grata emurai
ナンバンマイマイ科マイマイ属　　　　　　　　殻径：約3cm

■セロハンのような光沢がある殻

　左巻きの殻をもつ美麗種。華奢なので、殻に触るのを躊躇するほど。樹上性で、新潟県〜岩手県に分布する。オオタキマイマイ（70ページ）の亜種の１つ。

殻表面は独特の殻皮におおわれる。新潟県産（提供：伯耆匠二氏）。

殻口は若干赤っぽい。透明感があり美しい。

セトウチマイマイ

Euhadra subnimbosa　ナンバンマイマイ科マイマイ属

中・四国地方や九州地方東部、兵庫県のいたるところに生息する。殻の色や模様には変異が多い。広島県産（提供：伯耆匠二氏）。

模様にバリエーションがあり、観賞していて楽しい陸貝。徳島県産。

左と同じ標本。少し背の高い殻をもち、殻の形は整っていて美しい。

◗ ミカンの木についている姿にほっこり

　中・四国地方のメジャーなでんでんむしの1つ。瀬戸内といえば柑橘類が有名だが、樹上性の本種はその果樹園の木の葉っぱについていることがあり、その光景にはほっこりさせられる。本種の殻の色には変異が多く、茶色いも

の、黄褐色のもの、バンドや火炎彩の有無などのバリエーションがある。

　僕は広島で小中高時代を過ごし、その間に近所でカタツムリを見かけた思い出がある。いま思い返せば、そのカタツムリはおそらく本種か、コベソマ

中・四国

74

イマイ（34ページ）だったに違いない。しかし当時の僕はカタツムリのことはさほど気にしなかったし、ましてやその寄生虫の研究をするなんて思ってもいなかった。

　時は流れ、広島県で陸貝（りくがい）の寄生虫調査をしていたときのこと。調査地に生えていた木をふと見上げると、葉っぱにたくさんの本種がついていた。この木のすぐ近くで採れたナメクジ類からは寄生虫のクビキレセンチュウが出たけれど、このマイマイからはまったく出てこなかった。そのナメクジ類は主に地上で生活するので、そのあたりの違いがこの寄生虫の感染の有無に結びついているのかもしれない。

殻模様の異なる2個体が交尾する様子。殻の模様が違う個体も同じ種なのだと実感できる。山口県にて（提供：増野和幸氏）。

冬はリター層で冬眠する。広島県で冬眠個体を掘り出したもの。

黄褐色でバンドのない個体。山口県産（提供：伯耆匠二氏）。

中・四国

アワマイマイ

Euhadra awaensis　ナンバンマイマイ科マイマイ属　　　　　　　殻径：約6cm

大きな殻に大きな軟体部。迫力満点の貝だ。オレンジ色の軟体部が美しい。徳島県産（提供：伯耆匠二氏）。

◗ 日本在来種最大の"鳴門の渦潮"

成長脈が荒々しい。迫力のある標本だ。高知県産。

　殻(から)は大きく分厚く頑丈で、手に取るとずっしり重い（それでも海の貝の殻よりずっと軽い。浮力のない陸上で大きな貝殻を背負って歩かねばならない陸貝(りくがい)の進化の結果、減量化に成功している）。こうも大きな殻では、石の下とか狭い隙間に隠れることができないと思うのだが、殻が分厚くて防御性能は高そうなので、隠れる意味は薄いのかもしれない。
　殻表面の成長脈(せいちょうみゃく)が荒々しく、鳴門の渦潮(なると)(うずしお)を思い起こさせる。軟体部(なんたいぶ)に黒褐

色の模様があるのが特徴だ。

　四国地方では、比較的自然度の高い森から、海岸の風通しのいい自然公園まで、広い範囲に生息している。湿度の高い日には地表や石の上を出歩くことが多いようで、同じ地域に分布する樹上性のセトウチマイマイとは棲み分けているようだ。

　殻の大きさは地域によって異なる。例えば、徳島県にある高津山の山頂では、最大で殻径約65.8mmに達する個体が確認されている。一方で、徳島県の伊島産の離島型は小型で46mmだという（それでも十分でかくて立派な貝なのだ

が）。より大型の外来種のアフリカマイマイ（94ページ）が日本に侵入・定着したせいで、「日本最大のカタツムリ」のお株を奪われてしまっている。

当然ながら死殻も立派だ。僕の研究室に展示されている標本。高知県産。

本種に限らず、老成すると殻皮が剥げて、白い殻本来の色が見えてしまう。この個体は特にひどく剥げている。高知県にて。

サンインマイマイ

Euhadra dixoni　ナンバンマイマイ科マイマイ属

殻高：約3cm

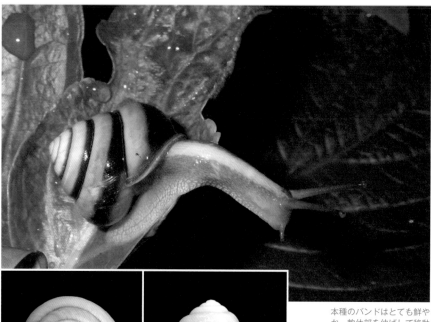

本種のバンドはとても鮮やか。軟体部を伸ばして移動先の葉っぱを探しているのだろう。これはヤマガマイマイという亜種。高知県産（提供：伯耆匠二氏）。

体層の下半分が染まる個体。右ページの個体よりもバンドの色は薄め。

こちらもヤマガマイマイという亜種。高知県にて採取した個体の標本。

中・四国

🍃 白地と赤紫のバンドのコントラストが見所

　樹上性（じゅじょうせい）のマイマイ。国内では中・四国地方に分布するが、自然度の高いところにいるので探すのはちょっと苦労する。殻の形はおにぎり型で、白い地の色（から）と赤紫のバンドのコントラストがたいへん美しい。軟体部（なんたいぶ）は長く伸び、

ハコネマイマイ（60ページ）同様に木の枝から枝に移る際にとても都合がいいのだろう。これまで野外で見つけたことがないので、いつかちゃんと採りたい陸貝（りくがい）だ。四国地方の山地に分布するものはヤマガマイマイと呼ばれる本種

の亜種で、こちらも樹上に生息する。

本種は韓国にも生息している。僕が韓国の済州島でポスドク（博士号を取得してから任期付の職に就いている研究者のこと）として働いていたころ、空いた時間で陸貝探しをしていた。済州島にも本種がいることを知っていたので数か月かけて探したが、生貝はおろか死殻すら見つけられなかった。そんなとき、韓国人の友達の友達が、趣味の登山中に見つけた本種の生写真を僕に見せてくれた。思わず「なんで生きたモノを採ってきてくれなかったの⁉」と口走ってしまったことを少し後悔している（バチが当たったのか、ポスドク期間が終わるまで本種と出会えなかった）。

若いときに木から落ちたのか、殻頂近くに破損した痕のある個体（提供：伯耆匠二氏）。

体層の下側が紫褐色に染まった個体（提供：伯耆匠二氏）。

軟体部の背中の両側が濃く染まっている。山口県にて（提供：増野和幸氏）。

ナカムラギセル

Tosaphaedusa cincticollis　キセルガイ科ナカムラギセル属　　　　　　殻高：約2cm

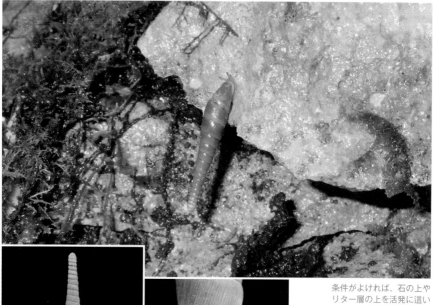

条件がよければ、石の上や
リター層の上を活発に這い
回る様子を観察できる。高
知県にて。

本種の殻は思った以上に脆くて壊れ
やすい。高知県産。

クレストと呼ばれる出っ張った構造
の様子。高知県産。

🔹 その殻、すごく独特につき……

　殻はたいへん細長く、特に上3分の1はすらりと伸びた円筒形。殻口の後ろ側には"クレスト"と呼ばれる出っ張った構造があり、そのせいであたかも殻口が二重になっているように見える。本種の殻は他のキセルガイ類とは一線を画すのだ。

　高知県に分布するが、産地は限定的かつ局所的だ。僕が観察したときには、山の奥深くで湿ったコケや石の上を這いまわっていた。そこの個体は、殻表面の殻皮が剥がれた老成したものばかりだったので、個体群内でちゃんと若い貝が生まれているのか心配だ。🎩

タイシャクギセル

Stereophaedusa costifera　キセルガイ科オキナワギセル属　　　　　　殻高：約3cm

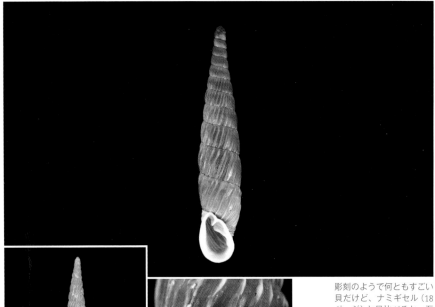

彫刻のようで何ともすごい
貝だけど、ナミギセル（18
ページ）と見比べると、互
いにそっくり。

少し老成した個体。殻皮が剥げて白
い殻が露出したもの。広島県産。

若い個体の殻表面を拡大。薄いヒダ
が美しい。広島県産。

🐚 きれいな殻だけど普通種？

　広島県と岡山県の一部地域の特産種。
殻表面には細かいヒダが連続して刻ま
れており、独特の光沢と相まってとて
も美しい。

　しかし、遺伝的には普通種であるナ
ミギセルと同じもの、あるいはその地
方型とする見方が有力で、あらためて
本種をその目で見てみると、その殻全
体のシルエットや表面の光沢はなるほ
どナミギセルとそっくりだ。そうなる
ともう、本種がナミギセルと同じ価値
の普通種に見えてこないこともないわ
けだが、この貝の美しさはそんなこと
では損なわれない、はずだ……。🐌

シロマイマイ

Aegista pallens
ナンバンマイマイ科オオベソマイマイ属

殻径：約2cm

殻は硬いケースで保管しよう。さもないと、いつの間にかヒビが入っていることもある。

◢白くて薄い華奢な殻の持ち主

　木によく登る樹上性（じゅじょうせい）のマイマイで、雑木林で木を下から見上げると本種を探しやすい。殻（から）は薄く華奢で壊れやすいので、殻を持って捕まえるときや、殻標本（からひょうほん）を触るときには注意が必要だ。名前のとおり、本種の殻は真っ白だ。この色では、鳥などの捕食者（ほしょくしゃ）に簡単に見つかってしまいそうだが……。四国地方に分布する。

イイジマギセル

Stereophaedusa ijimae
キセルガイ科オキナワギセル属

殻高：約3cm

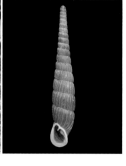

殻の巻き数が多く、殻全体のシルエットが細長いため、肉抜きがとても難しい。右は、真ん中少し上よりも上側の殻が黒ずんでいるが、これは殻の中に残った肉が透けて見えてしまっているから。

◢日本で一番カッコいいキセルガイ

　殻（から）表面に縦方向の盛り上がり（肋（ろく））が規則的に並ぶ、おそらく日本で一番カッコいいキセルガイ。微細構造のカッコいい陸貝（りくがい）はなぜか小型種であることが多いけれど、本種は目で見て手で触って愛でられるお手ごろサイズとなっている。美しいというよりも、むしろゴツゴツした貝だ。

シコクギセル

Megalophaedusa breviluna
キセルガイ科オオギセル属 　　　　　　　　殻高：約2cm

▨ 小さめのころんとしたキセルガイ

　殻_{から}は明るい茶色で太短く、殻頂_{かくちょう}がちょこんと尖っているのがかわいい。四国地方だけではなく、九州地方の一部地域にも分布する。やや自然度の高い雑木林で、リター層内や木の幹のやや低めのところで生活している。この地域では普通種である。🐌

木の根元にくっついて休んでいた個体。高知県産。

コウダカシロマイマイ

Aegista eumenes cretacea
ナンバンマイマイ科オオベソマイマイ属 　殻高：約2cm

▨ 樹の上に棲む小型のカタツムリ

　本種の殻_{から}の高さには変異があって、個体によってかなりばらつくことが知られている。大学生時代のとある雪の日、実家から温泉に行く途中の道で、落ち葉の積もったところを掘ったらこの貝が出てきたことがある。🐌

殻底全面か一部が濃い赤褐色になる（提供：増野和幸氏）。

コウロマイマイ

Euhadra latispira yagurai
ナンバンマイマイ科マイマイ属 　　　　　　　殻径：約4cm

▨ コウロは地名じゃなくて……

　ハゼノキ（コウロ）の実がクリーム色で本種の殻色_{かくしょく}と似ていたことが、本亜種の名前の由来になっている。分布は狭く、兵庫県、鳥取県、岡山県の日本海側にしかいない。殻_{から}の形はやや平たくて、どことなく関東地方のミスジマイマイに似た雰囲気が漂う種だ。🐌

深みのある黄色い殻が特徴だ。岡山県産（提供：石川謙二氏）。

イズモマイマイ

Euhadra idzumonis
ナンバンマイマイ科マイマイ属　　　　　　殻高：約6cm

■その大きさに思わず声が出る!

　殻は重厚で、殻表面の成長脈が強くてたいへんいい貝であるものの、殻径サイズはアワマイマイ（6cm超え）に一歩及ばず、「日本最大のカタツムリ」のふたつ名を得るには至らなかった。中国地方と隠岐島に分布する。

重厚な殻はずっしり重い。島根県産（提供：石川謙二氏）。

ハンジロギセル

Stereophaedusa hemileuca hemileuca
キセルガイ科オキナワギセル属　　　　　　殻高：約2cm

■2種類のソフトクリームみたい

　体層の上半分が白く、下半分が茶色いのが特徴で、これは本種の名前の由来にもなっている。僕が陸貝ビギナーのとき、実家（広島県）の近くで採集できた種の1つ。中国地方に分布しており、リター層や湿った朽木の下から見つかることが多い。

各層の境目が強くくびれ、段々のケーキ状になっている。

チクヤケマイマイ

Aegista aemula
ナンバンマイマイ科オオベソマイマイ属　　殻径：約1.5cm

■毛の量はひかえめ

　中・四国地方と九州地方の一部地域に分布するケマイマイの一種。比較的乾燥した林床で、落ち葉の裏にいることが多いように思う。ケマイマイの仲間の寄生虫は面白いので、本種も採集調査をしたことがあるけれど、寄生虫が出てきたことはまだない。

殻の周縁部には規則的に毛があるが、その量や数はひかえめだ。

ハリママイマイ

Euhadra congenita
ナンバンマイマイ科マイマイ属 　　　　　殻径：約3cm

■ 兵庫県の特産種

　写真のような茶色いものから黄褐色のものまで、他のマイマイ同様に色彩変異がある。この手のやや地面に近いところにいるマイマイ属陸貝の中でも比較的小型の部類。雨の日には木の幹の低いところや石に登ったりして生活している。

殻はやや小型で薄い。兵庫県産。

トサシリボソギセル

Megalophaedusa tosaensis
キセルガイ科オオギセル属 　　　　　殻高：約2cm

■ 土佐の名を冠する貝

　殻口が肉厚で殻はほどほどに大きく、存在感のある貝だ。主に高知県に分布しており、自然度の高い林床のリター層やコケの上で生活する。学名の種小名は高知県の土佐にちなむ。

シリボソの名のとおり殻頂が細くなる。

コケの中で活動する個体。高知県にて。

中・四国

オオボケギセル

Megalophaedusa martensi concrescens
キセルガイ科オオギセル属 　　　　　殻高：約3.5cm

■ 名前の由来は……

　本亜種の殻は重厚で見ごたえがあり、ずっしりしていて手になじむ。四国地方の山地に分布する。名前は、同地方にある渓谷の大歩危にちなんだものだ。オオギセル（28ページ）の亜種で、大きさ、色、殻口などが似ているが、本亜種のほうがやや小さい。

殻口内部の形には個体差がある。徳島県産。

ツクシマイマイ

Euhadra herklotsi herklotsi　ナンバンマイマイ科マイマイ属　　　　　　　　殻径：約4cm

殻にバンドのない個体。細
かい成長脈と光沢のある殻
皮が美しい。山口県の個体
（提供：増野和幸氏）。

明るい黄褐色の標本。これが標準的
な個体だ。

左と同じ標本。こういう色が"汚れ
たハチミツ色"なのだろうか。

🐚 汚れたハチミツのような黄色？

　やや大型のカタツムリで殻の形はや
や平たい。後述するように若干の色彩
変異はあるものの、基本的に明るい黄
色の殻をもつ。殻の色は、東（1995）で
は「ハチ蜜の汚れたような黄色」と表現
されていた。どういう色なんだろう……。

　九州地方を中心に分布し、そこでは
ちょっとした公園でも見られるふつう
のでんでんむしだ。雨の日にアジサイ
の植え込みの葉の上や木の幹の表面を
這っているのをよく見かける。この地
域で大きなでんでんむしといえば本種

かコベソマイマイ（34ページ）となるの
だが、コベソマイマイは殻の巻きの数
がとても多いので区別できる。

　本種は日本のみならず、韓国の済州
島にも分布している。僕が済州島でポ
スドク（79ページ）をやっていたとき、
ツクシマイマイを探して散歩した。こ
れは、海外生活で疲れた心のいやしに

なっていた。

　宮崎県にはかつてオオヒウガマイマ
イと呼ばれる亜種がいるとされたが、
現在はツクシマイマイと同一と見てい
いだろう。対馬にいる殻高の高いもの
は、かつてはツシママイマイという亜
種にされていた。これもいまは亜種に
しないのがいいようだ。

冬眠中の個体を見つけたときの様子。リター層の下で休んでいたようだ。長
崎県にて。

オオヒウガマイマイと呼ばれていたもの。
赤黒くて大型の個体。宮崎県産。

ツシママイマイとされていたもの。殻高
が高いのが特徴。長崎県産。

キュウシュウシロマイマイ

Aegista eumenes eumenes　ナンバンマイマイ科オオベソマイマイ属　　　殻径：約1.5cm

樹上で生活する本種の交尾の様子（提供：増野和幸氏）。

僕が採集した個体の1つ。若干荒れている。大分県産。

殻の色は白から淡い褐色。軟体部も淡い褐色だ（提供：増野和幸氏）。

白い妖精のような貝

　殻と軟体部が白みを帯びて美しい。九州北部から中国地方西部まで分布する樹上性の種。

　僕が運転免許を取りたてのころ、スクーターで大分県の陸貝採集巡りをしていたことがある。その際、ふらりと立ち寄った道路わきの植え込みの木に

たくさん本種がついていた。たくさん採れたので、普通種なのだろうと思っていたのだが、思い返せば本種との出会いはその1回だけだった。そのときに1個体だけ殻底にバンドがある個体を見つけた。本種の殻色にはバリエーションがあるようだ。

ツシマケマイマイ

Aegista trochula　ナンバンマイマイ科オオベソマイマイ属

殻径：約1cm

飼育中に休眠している様子。
下の写真と同じ個体で、や
や赤茶色の殻色の濃いもの。
長崎県産。

周縁部のみならず、殻全体に短めの
毛が生えている。長崎県産。

若干乾燥したところが好きみたいだ。
こちらは採集時の様子。

 対馬以外の九州北西部でも

　殻の周縁部が角張っており、そこに
ノコギリの歯のような毛がついている。
この毛が何かの役に立っているのか、
あるいは進化の歴史の中で生まれた偶
然の産物なのか、よくわからない。

　名前に「対馬」とあるけれど、対馬
以外の九州北西部でも見つけることが

できる。大学のキャンパスの石垣のす
き間とか、都市公園の植樹された南向
き斜面のカラカラになった落ち葉の堆
積したところなど、「こんなところに
いるのかよ！」とリアクションをとり
たくなるような、とても乾いた場所で
も見つけることができる。

オオイタシロギセル

Megalophaedusa masatokandai キセルガイ科オオギセル属

殻高：約2cm

産地によって殻サイズに若干の差異がある。これは小さめの個体。宮崎県にて。

白い殻が美しい。大分県産（提供：石川謙二氏）。

初めて見たときは、スギモトギセルと区別できず混乱した。宮崎県にて。

🐚 丸くてかわいい貴重種

　名前のとおり大分県で採れる白いキセルガイ。殻頂（かくちょう）が丸くてかわいい。同じ場所にスギモトギセル（91ページ）がいるので、初めてこれら2種を見つけたときは互いに形が似ていて大混乱した。その後、本種のほうがやや細長く殻色（かくしょく）もやや白く、またそもそもプリカの形が違うので、2種は区別できることがわかった。また、この貝は宮崎にも分布する。

　生息地ではリター層内に生息する地上性のキセルガイで、個体数が少ない貴重な種だ。大分県では、県の条例で採集禁止になっているとのこと。🐌

タカチホマイマイ

Euhadra herklotsi nesiotica
ナンバンマイマイ科マイマイ属 殻径：約3cm

■ ころんとした陸貝

　殻の形はハコネマイマイ（60ページ）に似ているが、この陸貝はツクシマイマイ（86ページ）の亜種となる。タカチホマイマイのほうがツクシマイマイよりかなり小ぶりで、殻色はより明るく、殻自体が薄くて透き通るように黄色い。

分布域は九州地方南部と種子島、屋久島など、そこそこ広い。

タケノコギセル

Stereophaedusa elongata
キセルガイ科オキナワギセル属 殻高：約2〜3cm

■ タケノコのようなキセルガイ

　細身のキセルガイ。殻の巻き数がとても多く、殻のシルエットがとても美しい。その形をタケノコに見立てて名前をつけたのは言い得て妙だと思う。大分県から宮崎県の石灰岩地に分布するが、保護する条例があるため採集することはできない。

他のキセルガイと一味違う。宮崎県産（提供：石川謙二氏）。

スギモトギセル

Megalophaedusa sugimotonis
キセルガイ科オオギセル属 殻高：約1.5cm

■ 殻頂が丸くてかわいい

　本種のいる大分県と宮崎県では、オオイタシロギセルという似た貝もいるが、スギモトギセルのほうが小型で褐色がかっており、プリカの形態も異なるため区別できる。自然度のやや高い山の雑木林のリター層に生息している。

四国地方の南西部にも分布する。大分県にて撮影。

九州

シュリマイマイ

Satsuma mercatoria　ナンバンマイマイ科ニッポンマイマイ属

殻径：約3cm

大学時代、沖縄本島南部の
糸満あたりを酔ってふらふ
ら歩いていたときに出会っ
た個体。

沖縄本島で採取した茶色い個体。

左と同個体。九州以北のマイマイ属
とは殻のシルエットが異なる。

🫛 夜は踏まないように要注意

南西諸島

　沖縄本島、久米島などに分布する、代表的なでんでんむしの仲間。沖縄旅行中にこの貝を見ると、沖縄に来たことが実感できる。殻はやや背の低いベーゴマ型。殻の周縁部には濃いめの褐色バンドがある。九州以北の主要なで

んでんむしのグループ（マイマイ属）とは違った仲間（ニッポンマイマイ属）で、本種は殻の肩があまり張らない、殻口が幅広く開くなど、殻の特徴がかなり違う。殻色には個体変異があり、明るい黄褐色から黒褐色までさまざまだ。

野外では、湿ったリター層の中や、朽木や石の下に棲んでいる。個体数はかなり多く、ちゃんとした生息地に行けば、いわゆる「探した時間と見つけた個体数が比例する、努力の報われる貝」の1つ。たとえ昼間に陸貝（りくがい）のいない住宅地であっても、夜になるとけっこうな個体数が道路に出てきて這（は）いま

わる。特に黒い個体は夜闇にまぎれてほとんど見えないので、夜に捕食者に見つからないようなリスク回避になっているのだろうか。夜の散歩の際には、人のためにも、陸貝のためにも、踏みつぶさないよう気をつけたほうがいい。

色の薄い個体。殻だけでなく軟体部の色も薄い。色は全然違うが同種である。沖縄本島にて（提供：池澤広美氏）。

色の薄い個体。若いときにはバンダナマイマイに似ているが、殻の巻の数で区別できる。久米島産。

アフリカマイマイ

Achatina fulica　アフリカマイマイ科アフリカマイマイ属　　　　　殻高：約10cm

畑や公園など、人の手がある程度入った場所に多い。山地ではあまり見かけない（提供：池澤広美氏）。

人の手で世界的に広がってしまった。ハワイの植え込みにて。

成貝の標本は見ごたえがある（提供：川名美佐男氏）。

🔵 日本最大のカタツムリは嫌われ者

南西諸島

　人の手によって日本国内に持ち込まれたアフリカ産のカタツムリ。南西諸島や小笠原諸島などで定着した。本種は農作物を食い荒らすだけでなく、広東住血線虫の中間宿主なのでたいへん嫌われている。

　乾燥に強く、一見、昼間に陸貝がいなさそうな沖縄の都市公園でも、夜になって温度が下がるとたくさんのアフリカマイマイがわらわらと出てくる。高いところも好きなようで、夜や湿度の高い日中にはコンクリート壁や木に

登っているのをよく見かける。

世界的には、ハワイ、ベトナムなどの熱帯地域に広く侵入しており、「世界の侵略的外来生物ワースト100」の1つに選定されている。その一方で、原産地のアフリカでは市場などで販売・消費されているほか、一部地域では本種の肉が食用缶詰として販売されている。

殻だけ見れば、日本のカタツムリにはない重みがあって、けっこうカッコいい。科レベルでは、日本のオカチョウジガイ類（下図）と同じグループだが、その目で本種の殻を見てみると、殻口が厚くならないこと、殻全体のシルエットなど、オカチョウジガイ類との共通点が見えてくる。

夜の公園に這い出てきた幼い貝。日が落ちて涼しくなるとどんどん出てくる。沖縄本島にて（提供：池澤広美氏）。

夜、公園を散歩していたときに出会った個体。沖縄本島にて。

オカチョウジガイ類のシリブトオカチョウジ。殻高1cm弱だが成貝。久米島産。

アオミオカタニシ

Leptopoma nitidum　ヤマタニシ科アオミオカタニシ属

殻径：約1.5cm

目は触角の根元についている。黒い点がそれである（提供：小松崎茂氏）。

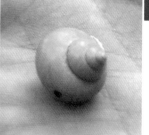

緑の肉を取り除いた標本。殻は白色で透けている。沖縄本島産。

いるところにはいる。ヘゴの葉っぱから採った個体。沖縄本島にて。

🌿 日本唯一、"緑色の陸貝"の殻は透明

　世界には殻が緑の陸貝が何種もいる。とてもきれいでコレクターにも人気の貝だけど、日本には緑色の殻をもつ陸貝はいない。本種は、日本唯一の緑色の陸貝だが、これは殻の中の軟体部の色が透けて見えているからだ。このた

め、本種を茹でて肉抜きすると白く透ける殻が残る。

　本種は木の葉に乗るなどして生活する樹上性の種であり、緑の体色は外敵から身を守るためのカモフラージュになると考えられている。15年くらい

96

前には、沖縄本島をはじめとした沖縄県の離島に分布しており、公園やちょっとした雑木林でそこそこの個体数が見られたが、最近はめっきり減ったようだ。かつては奄美群島にもいたのだが、そこでの個体群は残念ながら絶滅したとされている。

本種はヤマタニシ科に属しており、この仲間に共通の特徴となる円盤状のフタをもつ。一般的に、フタのある貝を標本にする際には、フタを殻と一緒に保管するのがセオリーだ。まず化繊綿を殻口につめ、その化繊綿とフタを糊で軽く貼りつける。こうすることで、生時にフタがついていた様子を標本で再現できる。

パステル調の色がとてもきれいだ。樹上性で、クワズイモやヘゴの葉っぱによくついている（提供：小松崎茂氏）。

触角は長く伸びるが、軟体部の胴体はあまり伸びない（提供；小松崎茂氏）。

日本以外に台湾などにも分布している（提供：小松崎茂氏）。

アシヒダナメクジ

Eleutherocaulis alte　アシヒダナメクジ科 *Eleutherocaulis* 属　　　　　　　　　　　体長：約8cm

人家の近くでも、ゴミや落ち葉の陰に隠れている。自然度の高い場所では見かけない。沖縄本島にて。

🍃 かわいい顔だが、触ったら手洗いを

背中には、ナメクジ類独特のテカリがない。沖縄本島にて。

アフリカ原産と考えられているナメクジ。南西諸島(なんせいしょとう)の畑や公園、ゴミ捨て場などの比較的開けた場所に生息し、昼間は物陰に隠れているが、夜になるとたくさん出てきて、細い足で草地や石の上を這(は)いまわる。

アシヒダナメクジは、日本的ないわゆる「ナメクジ」のイメージからはかけ離れており、体の表面はぬめぬめ・てかてかしておらずザラついており、背中が思ったより固い。また、本種は

つついていじめても、他のナメクジ類が出すようなゼリー状の粘液を出して抵抗することがない。顔がかわいいが、本種は広東住血線虫（かんとんじゅうけつせんちゅう）の宿主（しゅくしゅ）であることが報告されているので、過度に恐れる必要はないものの、触ったあとはちゃんと手を洗うなどの注意が必要だ。

本種は、海外から植物や資材の輸入物と一緒に日本に入ってきたものと思われるが、正確な移入経緯は証拠がないのではっきりとはわからない。本種に近縁な別種のナメクジ類が日本に侵入したことが最近報告されており、この仲間は断続的に日本に侵入している

のかもしれない。本州でもときどき報告されており、侵入先での定着が心配されている。

体の後ろ側をひっくり返したところ。体の真ん中の幅の狭い帯状のものが足だ。

昼間は上手に物陰に隠れているようで、夜になるとたくさんの個体が這い出してくる。沖縄本島にて。

オキナワギセル

Stereophaedusa valida　キセルガイ科オキナワギセル属　　　　　　　　殻高：約2cm

木の表面によくついている
ので探しやすい。木の棘と
見間違えてしまうこともあ
る。沖縄本島にて。

殻頂が壊れた個体。若い個体にはこ
の破損はない。沖縄本島産。

多産し、1本の木に何個体もついて
いることがある。

🟢 本当はもっと殻高が高いはず

南西諸島

　必ずといっていいほど殻頂部（かくちょうぶ）が壊れ
て取れている。その分、本種の殻高（かくこう）は
本来の値より小さくなる。毎度「これ
でいいのかなあ」と思いながらノギス
で壊れた殻（から）のサイズを測っているのだ
けど、他の人はどうやっているのだろ
う。壊れた殻頂部に入っていたはずの
渦巻き状の肉も失われている。そうい
った渦巻き肉は、陸貝（りくがい）を茹でて肉抜き
をする際に途中でちぎれて殻の中に残
ってしまうのだけど、この種にはそれ
がないので、肉抜きがとても楽だ。
　沖縄本島（おきなわほんとう）の山間部で、樹幹にくっつ
いて生活している。🐌

100

ツヤギセル

Stereophaedusa bernardii キセルガイ科オキナワギセル属 殻高：約2.5cm

本種を見つけるには、リター層や朽木の下を探すといい。数個体が1か所に固まっていることも。沖縄本島にて。

むっちりとした貝で、殻の各層はよく膨れる（提供：石川謙二氏）。

🐚 殻のきらめきが判別ポイント

　細かい成長脈がしっかりと刻まれている。殻の表面の殻皮がとてもキラキラしており、それが本種の名前になっているのだろう。沖縄本島や久米島のやや自然度の高い場所におり、リター層内や朽木の裏などに生息している。

　僕が陸貝集めのビギナーだったころ、沖縄本島のその辺で採った本種の殻をリュウキュウギセル（104ページ）と誤同定したことがある。細かく刻まれた本種の成長脈を、リュウキュウギセルの強い肋と勘違いしたのだ。リュウキュウギセルを採るのは、そんなに簡単ではないのだが……。🐌

南西諸島

オモロヤマタカマイマイ

Satsuma omoro　ナンバンマイマイ科ニッポンマイマイ属　　　　殻高：約3cm

雨あがりに這い出てきた個体。僕の好きなバンドのないタイプだ。木の幹を登っていた。久米島にて。

こちらは色帯のある個体。

淡い黄色の殻をもつ。殻形は整った円錐形。

🐚 おにぎり型の殻をもつ陸貝

　他の陸貝と同様に、殻のバンドの有無や数は個体によって異なるが、個人的にはバンドのない個体がシンプルで好き。

　本種は沖縄本島西に位置する久米島の特産で、木の上で生活している樹上種だ。降雨後には、住宅地の塀の上などに出現することもある。本種に限らず、この仲間は見つけるのが難しいが、広葉樹をじっと見つめていると、ふとした瞬間、陸貝が葉っぱの上にチラリと見えることがある。目立たないように、葉や枝の陰に上手に隠れているのだ。🐌

オオカサマイマイ

Videna horiomphala カサマイマイ科 *Videna* 属

殻径：約2.5cm

リター層の中や下、朽木の下に隠れている。自然度の高い場所を探そう。沖縄本島にて。

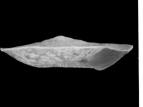

平たいのでピントが簡単に合うのもこの貝のいいところ。沖縄本島産。

左と同個体。殻は円盤のようで、上面は平坦ではなく、低い円錐型。

🐚 日本で一番ぺちゃんこな陸貝

本種はリター層や朽木の裏などの狭いところに棲んでいるので、この平たい殻（から）はそういった場所に入り込む際に邪魔にならないのだろう。裏から見ると、臍孔（さいこう）が大きく開き、その周辺が幾何学的に尖っているが、そこがこの貝のチャームポイントだと思う。

殻自体の強度はややもろく、巻き数は多いし、ぺちゃんこでつまみにくいので、肉抜きの作業はけっこう難しく、殻口（かくこう）を割ったり殻頂（かくちょう）をつぶしてしまったりすることもしばしば……。沖縄本島（おきなわほんとう）などの複数の島で、自然度の高いところに生息している。

103

リュウキュウギセル

Stereophaedusa inclyta　キセルガイ科オキナワギセル属

殻高：約3cm

陸の貝だが、海の貝のような殻をもつ（イトカケガイ科とかにこういう貝がいそう）。本種の生貝を見たことはまだない（3点とも提供：石川謙二氏）。

殻は厚く殻口も堅牢だが、とても軽い。

この肋が何かの役に立っているのかと勘ぐってしまう。

肋の入り方がカッコいい貝

　殻表面には縦の筋（肋）がたくさん走るたいへんカッコいいキセルガイ。カッコよさでは、四国地方に分布するイイジマギセル（82ページ）と僕の中では同格だ。殻も分厚くがっちりとしていて、まるで海の貝のような陸貝だ。

　本種は琉球の名を冠する沖縄県の代表的なキセルガイだったが、沖縄本島を中心とした石灰岩地の開発や、乾燥化などの環境変化によって、いまはほとんど採集できないようだ。僕も分布しているとされている場所まで行って探したのだけれど、本種を見つけることはできなかった。

南西諸島

リュウキュウヒダリマキマイマイ

Satsuma perversa　ナンバンマイマイ科ニッポンマイマイ属　　　　　　　殻高：約2cm

薄い黄褐色の殻をもつ。本州のヒダリマキマイマイ（51ページ）に名前が似ているが、属レベルでグループが異なっており、殻の形が全然違う。

茶褐色の色帯と、丸みを帯びたシルエットが美しい生貝。

殻高は2cm程度。左が生貝なのに対して、こちらは死殻。

 僕が昔から好きな貝

南西諸島では数少ない左巻きの貝。実は僕の大好きな陸貝で、殻表面のテクスチャ、大きさ、ころんとした殻全体のシルエットのバランスがとてもよく、僕の中での総合評価は日本の陸貝の中でも一番だ。

本種は、沖縄本島から西に離れた久米島の特産種。こんなにもいい貝は、さぞかし山奥の湿ったありがたい場所にいるのか……と思いきや、乾燥した草地のような場所でも生きていけるようだ。そういう場所には毒ヘビも多いので、本種を探すときには注意が必要だ。

南西諸島

クロイワヒダリマキマイマイ

Satsuma yaeyamensis　ナンバンマイマイ科ニッポンマイマイ属　　　　　　　殻径：約2〜3cm

殻にある黒い模様は、内蔵の色が透けて見えているもの（提供：伯耆匠二氏）。

他の貝と見間違えることはない、独特な形。殻は小ぶりだが堅牢。

左と同個体の正面（提供：川名美佐男氏）。

🐚 左巻きになるには理由がある

南西諸島

　石垣島(いしがきじま)や西表島(いりおもてじま)に分布する。南西諸島(なんせいしょ)では珍しく、本種の殻は左巻き。南西諸島では、右巻きの陸貝を食べるヘビに抵抗するため、このような左巻きの陸貝が進化したと考えられている。
　その昔、フィールドで本種の死殻(しにがら)を見つけたことがある。それをそのまま同行者（特に貝が好きではない）に渡したところ、フーンと言ってその辺の草むらに放り投げてしまった……。その後、草むらを探しても、その死殻(しにがら)は見つからなかった。僕が生涯で見つけた本種の殻は、後にも先にもそれ1個だけ。

ミズイロオオベソマイマイ

Aegista caerulea
ナンバンマイマイ科オオベソマイマイ属　殻径：約2cm

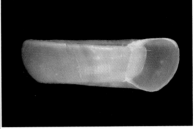

殻はもろく巻き数が多いせいで、肉抜きがとても難しい。西表島産。

🐚 石垣島や西表島にいる貝

　平たく巻く貝で、殻頂部と殻底部はいずれもすり鉢状にへこんでいる。この殻形態は、日本の陸貝にはとても珍しい。また、本種の殻はもろくて壊れやすいので、標本にするために肉を抜く際には注意が必要だ。石垣島や西表島のリター層や朽木の裏や中に生息する。🐌

ヒルグチギセル

Stereophaedusa nesiothauma
キセルガイ科オキナワギセル属　　　殻高：約3cm

半月状の殻口をもつ特異なキセルガイ。背側のゆがみもあって他種と見分けるのは簡単だ。奄美大島産。

🐚 笑っているみたいなお茶目な貝

　奄美大島と徳之島に分布する陸貝。本種の殻口は半月状にゆがんでおり、あたかも笑っているように見えるお茶目な陸貝だ。その口のゆがみは殻背面から見ても明らかで、その背中には他のキセルガイとは異なる雰囲気が漂う。生息地にはそこそこの数がいて見つけるのは容易で、その形態のおかげでフィールドでの種同定も簡単だ。🐌

オキナワウスカワマイマイ

Acusta despecta despecta
ナンバンマイマイ科ウスカワマイマイ属　殻径：約2.5cm

沖縄の市街地でポピュラーな陸貝の1つ（左写真提供：池澤広美氏）。

🐌 熱と乾燥に耐えるツワモノ

　丸っこい陸貝。乾燥したところもへっちゃらで、那覇市のバイパス近くの都市公園や日射のあたる道路脇の側溝にも平然と生息している強健種。特に夜になると多量に地上に出てきて歩き回るので見つけやすい。殻の色には変異があり、黄褐色、茶褐色、紫褐色などさまざまだ。沖縄本島、久米島などの離島に生息する。🐌

ノミギセル

Zaptyx hyperoptyx
キセルガイ科ノミギセル属

殻高：約1cm

道端に落ちている雑誌・段ボールや、落葉の裏に大量についている。沖縄本島産。

🐌 集団生活する小型のキセルガイ

　沖縄本島に分布する。海岸付近の林床など、若干乾いた風通しのいいところで、落ち葉の裏などに隠れて集団生活している。生息地ではオキナワウスカワマイマイと一緒にいることが多い印象だが、本種は都市公園などの本当にカラカラの場所では見られない。乾燥耐性はオキナワウスカワマイマイほどではないようだ。🐌

南西諸島

108

ウスチャイロキセルガイモドキ

Luchuena fulva
キセルガイモドキ科リュウキュウキセルモドキ属　殻高：約1cm

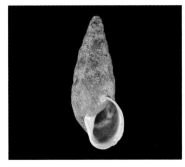

■沖縄本島や沖永良部島で出会う

　キセルガイモドキの仲間にしてはかなり小型の部類となる。殻も薄く壊れやすい。沖縄本島や沖永良部島に分布し、樹幹にくっついている樹上性の種だ。殻表面にはよく泥がついていて汚れているが、彼らなりのカモフラージュなのだろう。

汚れのせいで木の幹から生える棘に見える。沖縄本島産。

イッシキマイマイ

Satsuma caliginosa caliginosa
ナンバンマイマイ科ニッポンマイマイ属　殻径：約3cm

■ヘビからの捕食回避

　カタツムリ食のイワサキセダカヘビに襲われても、本種は足を自切することで本体の捕食を回避することができる。また、成貝の殻口の下側には内側へ出っ張る構造があるのだが、ヘビが殻口に口を入れる際に邪魔になることで、捕食回避に役立っている。

石垣島と西表島に分布する（提供：川名美佐男氏）。

クロイワオオケマイマイ

Aegista mackensii
ナンバンマイマイ科オオベソマイマイ属　殻高：約4cm

■日本最大のケマイマイの仲間

　日本最南端に生息する陸貝の1つだ。石垣島、西表島、波照間島に生息する。本種はヤエヤマヤシなどの木の樹幹についていたり、その落葉の下に隠れていることが多い。他のケマイマイの仲間と同様に、老成すると毛は抜け落ちていく。

毛がたくさんついているので泥掃除が大変だ。西表島産。

南西諸島

スタアンズギセル

Tauphaedusa stearnsii
キセルガイ科 *Tauphaedusa*属 　　　　殻径：約2cm

■ 直線的なスタイルが印象的

　殻頂から殻口までのラインが直線的。石垣島と西表島に分布し、朽木の中などの湿った場所にいる。この個体は採集時には殻口が未発達だったものを、自宅でトイレットペーパーとサンゴを与えて飼育して成長させたもの。

殻口部はサンゴとトイレットペーパー由来といってよいのか。

ヨナクニマイマイ

Satsuma caliginosa picta
ナンバンマイマイ科ニッポンマイマイ属 　　殻径：約2cm

■ 日本で一番西の陸貝の1つ

　与那国島に分布する陸貝で、生息地は限定的だ。イッシキマイマイ（109ページ）の亜種だが、殻・軟体部のサイズはともに本亜種のほうがかなり小さい。

日本最西端の与那国島に分布（提供：川名美佐男氏）。

殻頂から撮影したもの（提供：石川謙二氏）。

タダマイマイ

Satsuma tadai
ナンバンマイマイ科ニッポンマイマイ属 　　殻径：約2cm

■ 魚釣島の得難き貝

　本種は尖閣諸島の魚釣島産。場所が場所だけに、本種の生息地まで行くこと自体がそもそも難しく、その意味できわめて得難い貝。尖閣諸島の生物を記録した高良（1954）によると、「比較的容易に採集できる」らしいのだが、いまはどうなっているのだろう。

殻は左巻き（提供：石川謙二氏）。

陸貝の
すすめ

寄生虫学者という職業柄、カタツムリやナメクジを加熱することがある。熱した個体から立ちのぼるのは、浜焼きのすごくいい香り。そのとき僕は「彼らは間違いなく貝だ」と実感する。陸上に生きる彼らはまさしく「陸貝」なのだ。ここからは、寄生虫を研究している僕なりに、好きな陸貝の話をしてみたい。陸貝のことをあまり知らないあなたもこれを読めば、読む前よりも陸貝のことが好きになるはずだ。

陸貝を
探しに行こう!

陸貝採集は一年中できる

　とかく6月の梅雨の時期によく採れると思われがちな陸貝だが、実際は違う。雨が降ると普段隠れている陸貝（特に大きなでんでんむしタイプ）が自分から出てきて人目につくからそう思われるのであって、陸貝採集にシーズンはなく、春夏秋冬、年中いつでも探しに行ける。

　家電と同じで、欲しくなったときが行きどき。自分に合ったカタツムリライフはいつでも始められるし楽しめる。ただし採集に許可がいる場所もあるので要注意。

季節による探し方の違い

　4月から10月ごろの暖かい時期であれば、雨の直後、あるいは翌日の湿り気が残っている午前中がいいだろう。

　降雨のない日でも明け方から早朝にかけての涼しい時間帯に探せば、木の幹や地面を動き回る大きなでんでんむしを見つけることができる。晴れや曇りの日中には、積もった落ち葉の下、朽木の裏などに陸貝が隠れている。

　寒い時期にはたくさんの個体が1か所に集まって冬眠する。冬眠場所となる落ち葉の中や、木の根元のやわらかい土の中を探すとよい。冬は蚊、スズメバチやマムシに出会う心配がないので安心感がある。

　冬眠場所をうまく引き当てられたら、たくさんの陸貝を見つけることができる。種類によっては地中やガレ場の深いところに潜って冬眠するので、あらかじめ情報を集めておいたほうがいい。

　雪が積もると地面がまったく見えなくなるので、落ち葉や朽木を探すことすらままならなくなる。冬に遠方採集を計画するときには、天気に注意しよう。

図1：自然公園内の雑木林はいいポイント。落ち葉の積もった場所、木の根元、低木の茂ったところなどを中心に探索してみよう。

図2：山奥であっても、沢の近くはいい採集ポイントだ。この写真の右側のような、樹木が生えて常に陰になっていて落ち葉が積もるような斜面は期待大だ。

陸貝採集のフィールド

下手に山奥の密林のような場所に行くと、かえって陸貝は採りにくい（山奥にいる種類もいるけど、個体数は少ないし探しにくい）。ある程度、人の手が加わった「雑木林」にこそけっこういるもので（図1）、昔から残されているような雑木林ならなおよい。

また、山の国道の途中にある駐車場と雑木林の境目、開けた登山道の両側にある雑木林など、環境が変わるところでも陸貝は採りやすい。

林や木立がある「自然公園・都市公園」は、都会からもアクセスしやすい好採集ポイント。オブジェや遊具だらけでも、雨あがりに出かけてみると、周りの木に陸貝が案外ついているものだ。

公園といっても、植えたての新しい街路樹しかなくて、地面がコンクリートでがちがちに固まっているような人工的すぎる場所や、芝生とグラウンドしかないような運動公園だと、さすがに無理かもしれないが。

玄人向きだが、山奥でも「川岸の少し開けた斜面」（図2）には常に湿り気があるせいか、陸貝が棲んでいることが多い。雨天時には、川の増水に注意すること。「海近くの風通しのよい林」もいいが、波しぶきを被るような場所はさすがにダメだったりする。

「竹林」では、大型のでんでんむしが竹の表面についていることがある。下草も低木も少ないので、見通しがよくて見つけやすい。堆積した竹の葉の下に小型の陸貝が隠れていることもある。

フィールドでどこを探すか

気軽に探すことのできるポイントの1つは「木の上」だ。針葉樹よりも広葉樹がいい。木の幹の表面についているものは、目につきやすくて

113

図3：同じ樹種でも、生えている場所が数メートル違うと陸貝のつき具合が違ってくる。これは海岸近くにある雑木林で、木の幹にミスジマイマイがついている様子。

図4：木にまとわりついたクズの葉っぱで休むヒダリマキマイマイ。すぐ下には本種の死殻がたくさん落ちていたので、この場所付近は本種のコロニーなのだろう。

探しやすい（図3）。

時間帯は雨の後や早朝がおすすめだが、昼間でも木の表面で殻に閉じこもって休んでいる個体を見つけることがある。種類によっては数メートル以上の高いところにいたりするので、長い棒が必要になることも。

葉につくこともあるので、いそうな木を見つけたらしばらく眺めてみよう。揺れる葉のすき間から、ちらりと陸貝が見えるはずだ（図4）。

実は、木によってついている・いないの差が激しい。ある木には30個体以上ついているけど、その隣の木には全然ついてない、ということも珍しくない。一度陸貝を見つけた木は、覚えておくといいだろう。

「石垣やコンクリート壁、側溝、電柱やガードレール」などの人工物は、表面が平たんなので、陸貝がついて

図5：苔生した石垣もいいポイントだ。石垣直下に積もった落ち葉の中も探すといい。石や葉っぱにゴマガイなどの微小貝がびっしりついていることもある。

図6：陸貝がガードレールのコケを食べた痕。食痕のサイズから陸貝の大きさを予測する。

いれば殻がよく目立つ（図5）。たくさんのキセルガイが、雨あがりにわらわらとコンクリート壁を登ってくることもある（カルシウム供給源となるからだろう）。壁の雨水排水管（うすいはいすいかん）の塩ビパイプにカタツムリが入っていることもある。ガードレールや看板に食痕（しょくこん）がたくさん残っていたら（図6）、周りにもたくさんいるはずなのでよく探そう。

じっくり探すポイント

「積もった落ち葉」（図7）を熊手（くまで）で掘れば、小型のキセルガイなどの陸貝が出てくる。斜面と平たい地面の境目近くの、落ち葉と陸貝が積もっていそうな場所はかなりおすすめだ。かき分けるだけでなく、ふるいを使って落ち葉をふるえば、小さな陸貝がパラパラと砂にまじって落ちてくる。冬には大型のでんでんむしが集団冬眠（しゅうだんとうみん）していることも。あさった落ち葉はもとに戻しておくこと。

山に落ちている雑誌や段ボール、プラスチックなどの「ゴミの裏」にもけっこうついているものだ。新しいゴミではなく、しばらく放置されて汚れているようなものがいい（でも不法投棄はダメ、絶対）。金属やガラスを触ってケガをしないように、軍手をはめるなどして注意しよう。

「朽木（くちき）」の中や下、石の下には、キセルガイやヤマナメクジなどの陸貝がよく隠れている。地面にめり込

図8：ほどよく湿って崩れかけた朽木の下でヒカリギセル（49ページ参照）が集団で生活していた。冬には冬眠した大型昆虫がいることもある。

図9：丸太の下の日陰になったところや、木の裏に陸貝がコロニーをつくっていることもある。小さい個体は見逃しやすいので丁寧に見ること。

図7：湿って苔生したコンクリートの壁。陸貝がついていることが多く、殻が目立つので探しやすい。壁直下の落ち葉のたまり場もいい採集ポイントだ。

んで埋まっているようなものだと、陸貝が隠れる隙間がないのでダメ。

　朽木はカラカラに乾いたものではなく、ビショビショに濡れて腐ったものでもなく、ほどよく湿って手で触ると木くずが若干手についてくるものがいい（図8）。ひっくり返した朽木や石はもとに戻しておくこと。

　「古い丸太や倒木が積んであるようなところ」にも、陸貝が隠れていることが多い。新しく置かれたものではなく、しばらく放置されていそうな木の下を探そう（図9）。動かし

た木はもとに戻しておくこと。

大事に運ぶ

　採集した陸貝は、タッパーやビニール袋に入れて持ち帰ろう。紙袋や紙箱に入れると食い破られるので要注意。運ぶときには、陸貝の入った容器を温めないように。特に、日光に当てないようにする。リュックに入れると背中の体温で温まることがあるので、手提げ袋にいれて、日陰になるほうの手で持って運ぶのが安全だ。クーラーバッグも便利。

カタツムリの標本づくり

飼ってもよし、標本にしてもよし

　採ってきたカタツムリは、そのまま飼ってもいいし、殻を標本にするのもいい。加熱して肉を除いて殻だけにして、殻を乾せばよい標本になる。ここでは標本づくりのコツを紹介しよう。必要なものは、タッパー、アルコールランプやケトルなど水を加熱できるもの、耐熱カップ、ピンセット、歯ブラシだ。

図1：軟体部が出ている様子。容器内を水で満たして、空気がなるべく入らないようにするのがコツ。容器はタッパーがおすすめ。

ステップ1 　下準備

　カタツムリを数時間から一晩水に漬ける（図1）。これで軟体部が殻から出て固定される。この下準備をやっておかないと、茹でるときにカタツムリが驚いて殻に引っ込んでしまい、軟体部（以下「肉」と呼ぶ）をつまんで引っ張り出すのが難しくなる。

　ただ、あまり長く水に漬けすぎると、カタツムリが完全におぼれて、死んで肉が腐ってしまう。そうなる

と、今度は肉を引っ張るときに途中で切れて、きれいに肉抜きできなくなるので注意しよう。

ステップ2 　茹でる

　肉の部分をピンセットでつまんで熱湯に浸ける。これにより、殻と肉をつなぐ殻軸筋という筋肉を加熱し

117

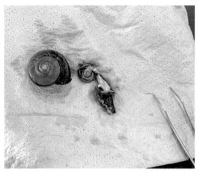

図2：肉抜きのときは、肉のほうを引っ張ってもきれいに抜けないので、肉をつまんだ手は固定したまま、殻のほうをくるくる回すこと。

図3：殻を乾かすときは、殻口を下にする。こうすると、重力で殻内の水が流れて抜けていく。殻の下には紙や布を敷いておくこと。

て殻から離す。熱いお湯で一気に茹でるのがコツなので、アルコールランプと耐熱カップでお湯を加熱しながらどんどん茹でよう。

　茹で時間はカタツムリが大きいほど長くなる。殻径5mm程度の小さいものは数秒でも長すぎるが、大きいものは1〜数分間茹でる。

　生煮えだと殻軸筋が殻にくっついたままで肉が取れないし、茹ですぎると今度は肉が固くなって殻から外しにくくなる。茹で時間は経験と勘によるところも大きい。

ステップ3　肉抜き

　サザエのつぼ焼きと同じ要領で、カタツムリの肉を殻から取り出してみよう。

　肉の部分をピンセットでしっかりつまんで、殻のほうをくるくる回して肉を外して取り出す（図2）。

ステップ4　乾かす

　殻を振って水を出し、一晩から数日陰干しする。殻口を下にして、水を切るように置くと早く乾く（図3）。

肉抜きに失敗したら…

　肉抜きの途中で肉がちぎれて、肉が殻の中に残ってしまうことがある。

　そんなときは殻をよく振って、中に残った肉を振り出そう。ティッシュで殻全体をくるんで、手首のスナップを効かせて何度も振り続ければ、たいていの場合は肉が出てくる。勢い余って殻をぶん投げないように。

　それでも残った肉が出てこないときは、数日常温で放置して肉を腐らせて、シリンジで勢いよく水を流して殻の中を洗い流す。しかし、殻の先端の細い部分には水が届かず失敗することもある。こうなると、カタツムリの殻は薄くて光を通すので、残った肉が黒く透けてしまう（図4）。

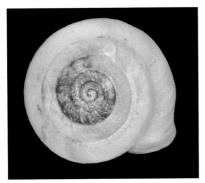

図4：肉抜きに失敗したヒメマイマイの標本。真ん中の黒いところが内側に肉が残った部分。臭いし見た目も悪く、まさに大失敗例。

図5：生きた陸貝のキープ用には、網はしっかりしたものでなく、三角コーナーに取りつけるネットで十分だ。乾かすときだけ、エアコンの風があたるところに置いてもいい（あてすぎ注意）。

　殻内に肉が残った標本はできれば避けたいものである。このような標本は「数年経つと、肉が砂のように風化して自然に出てくる」といわれるけど、僕の手持ちの肉抜き失敗標本で、肉が砂になったものはまだない。

ステップ5 掃除

　できるだけ柔らかい歯ブラシや筆を使って、表面の泥や粘液を丁寧に取り除く。

処理前の取り置き

　忙しいときには、生きたカタツムリを網に入れて乾かしておくと殻にこもって休眠する（図5）。この状態で数週間生きるので、しばらくカタツムリをキープできる。僕はこれを「カタツムリを未来に飛ばす」と呼んでいる。

標本の保存

　必要な道具は、ジッパーつきプラスチック袋、ペン、化繊綿、紙、パソコンとプリンターだ。3つのステップで紹介しよう。

ステップ1 ラベルを書く

　紙を適当な大きさに切って、陸貝の名前、採れた場所、採れた日時を記録する。これがラベルとなる。

　ラベルには、採れた場所と日時を欠かさず書くようにしよう。陸貝の名前はわからなくてもおおかた何とかなる。後で専門家に見てもらえば、殻形態や産地から種がわかることが多いからだ。

　一方、日時と場所だけは一度忘れてしまうとどうしようもないし、これらが重要な情報になることも少なくない。必ず記録しておこう。標本がたくさんあって書くのが大変なと

119

図6：殻を袋に入れて、それをラベルとともに別の袋に入れた様子。殻を十分に乾かしてから袋にしまうこと。プラスチック製の標本ケースもいい。

図7：研究室の一角。もともと「神保町ヴンダーカンマー」というイベントで展示した標本だ。ケースに入れて並べると部屋の雰囲気がそれっぽくなる。

きは、パソコンでラベルをつくって印刷してしまうと楽だ。

ステップ2 袋に入れる

　植物性のものからは弱い酸が出るらしく、これが殻のカルシウムを浸食して標本を傷めてしまう。したがって、紙のラベルと陸貝は、同じ空気を吸わせてはならない。ジッパーつきのプラスチック袋に陸貝を入れて、その袋をラベルとともにさらに別の袋に入れればOKだ（図6）。

　標本が湿っていると保管中に徐々に傷んでしまうから、袋に入れる前に完全に乾かすこと。細長くて巻きの数の多いキセルガイは、殻頂に近いところの中の水が抜けていなかったりするので、袋に入れる前に、十分すぎるかと思えるほどに乾かしておこう。

ステップ3 しまう

　袋に入れた標本は、箱や棚にしまうなどして、直射日光の当たらないところで保存する。箱や棚も、紙や木製のものは控えよう。お気に入りの陸貝を飾るときは、透明なケースに黒いフェルトを敷いて殻を入れてしまえば、コントラストで標本が映えて美しいインテリアとなる（図7）。なお、箱の詰め物に植物質の木綿を使わないこと。

陸貝の
奇妙な生活

時には苦難を伴う

のんびり暮らしているように見える陸貝だけれど、厳しい自然環境の中で生き残ってきた動物だ。外敵に襲われたときは必死に身を守り、食べ物を探して彼らなりに長い距離を移動したりもする。子孫を残すためのパートナー探しだって大変だ。あまり知られていないであろう、時には苦難を伴う陸貝の生活は、実に驚きに満ちているのだ。ここでは、野外での陸貝の生活を、寄生虫学者という僕ならではの視点を交えながらお話ししていこうと思う。

陸貝は海からやってきた「貝」

本書の冒頭で述べたように、陸貝は、海の巻貝が陸に進出した生き物だ。その証拠に、陸貝の体のつくりはサザエやアワビに似ていて、這うための平たい足や触角がある。

一方で、陸貝に独特の体のつくり

として、陸上生活で不要なエラをなくしてしまったことと、代わりに空気呼吸のできる肺をつくったことがまずあげられる。肺といっても、僕らの肺のように小さな肺胞がたくさん集まった複雑なものではなくて、魚の浮袋のような1つの袋で構成されているごく単純なものだ。陸貝は僕らよりも代謝が低いのか、その肺で十分に生きていける。

海の貝の多くは重厚で丈夫な殻をもっている。これは海水の浮力があるからこそ成り立つ器官で、重力をモロに食らう陸地で同じ殻をもつのはキツすぎる。このため、陸貝の殻は海の貝のものよりもずっと薄くて軽くなっている。殻を捨てる選択肢もあるのかもしれないが、陸貝の殻には陸で生きていくための重要な役割がある。

例えば、周りの空気が乾燥したときに中に隠れて耐えたり、外敵から

防御したり、肺を含めた内臓の形を保持するのに役立っている。実際に生の陸貝の殻を壊して解剖すると、肺などのやわらかい肉はでろんと形がすぐにくずれてしまう。

　陸貝が歩いているときに外に露出する頭や足などは、活動している限り常に空気にさらされる。陸地では湿度100％なんてことは土の中をのぞくとそうそうないので、体表面からは常に水分が蒸発して失われることになる。そこで陸貝は、粘液を分泌して体の表面をカバーすることで、潤いを保っている。

　最近、コスメ商品でカタツムリの成分を使ったクリームが売られるようになった。陸貝の体表はいかにもデリケートだし、その肌を守る潤い成分はたいへん優れていると思われる。なので、この商品は保湿の意味ではけっこういいコンセプトなんじゃないかと思っている。

陸貝は雌雄同体

　他の無脊椎動物と同じように、陸貝は卵を産むことで増えていく。ただし、親に雌雄の違いがなく、1つの親に雄雌両方の性別の生殖器官が入っているのが特徴だ。人間の感覚だと、少し不思議に感じるかもしれないが、これは「運よく出会えた相手が自分と同じ性別で交尾できない」というリスクを減らすための戦略と考えられている。これを雌雄同

図1：僕がデザイン・監修した「ナメクジ交尾手ぬぐい」。ナメクジが描いてあること以外はいたってふつうの手ぬぐいで、特にぬめぬめしない。

体という。

　雌雄同体は、移動が苦手で出会いの少ない陸貝やミミズのほか、フジツボのように岩にくっついて一生を過ごすため、すぐ隣にくっついてきた相手の性別を選べない動物などで見られる繁殖戦略だ。雌雄同体はとても優れた戦略に見えるが、もちろんいいことばかりではなく、雄雌2つの生殖器官を1個体に用意するのは栄養コストや体内のスペースを確保する面で大変なようだ。

　雌雄同体だからといって、陸貝が1個体いればどんどん増えていくのかというとそうでもない。結局のところ陸貝の繁殖には2個体が必要で、自分の卵と精子で自家受精できるよ

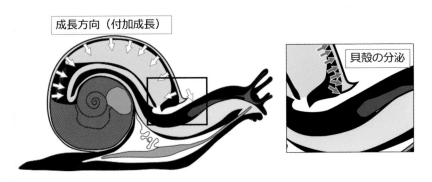

図2：外套膜から殻の成分が分泌される様子。右の拡大図は、特に殻が
成長したり、殻口部の殻が厚くなっていく様子を描いたもの。

うな種類は一部の種に限られている。交尾の際にはお互いが向き合うようにして並んで、2個体それぞれの頭の右側から雄性生殖器（ゆうせいせいしょくき）が出てきてそれを突き刺し、お互いに精子を交換する。そうやって交換した精子を使って、交尾した2個体がそれぞれ卵をつくるのだ。

この交尾の様子はあたかも巴（ともえ）のように見えるので、これを僕は巴の紋様（もんよう）に見立てて手ぬぐいをつくったことがある（図1）。ナメクジを使った紋としては古来より「蛞蝓巴（なめくじともえ）」があるようだが、これは細長い模様があたかもナメクジに見えることにちなむ名前であって、僕の手ぬぐいが「世界で初めてナメクジの交尾をデザインに昇華させた手ぬぐい」となる。

繁殖行動に話を戻そう。卵は、土の中や朽木（くちき）の裏などの湿った場所に産みつけられる。しばらく経つと、卵が孵化（ふか）して中から小さな陸貝が出てくる。殻をもつ陸貝の場合、生まれたときにすでに小さな殻をもっている。

このときは殻の巻きの数が少ないが、このあと殻が渦巻き（うずま）状に成長する。このため、陸貝の殻のてっぺん（殻頂）（かくちょう）は、卵から出てきたばかりのときの一番古い殻となる。逆に一番新しい殻は、軟体部（なんたいぶ）が出てくる殻口（かくこう）にある殻だ。この殻の成長は、外套膜（がいとうまく）といわれる殻の内側に接する器官からの殻成分の分泌による（図2）。

ナメクジ類の場合は、卵からすごく小さなナメクジ類が出てくるが、これがナメクジ類とは思えないほどかわいい（図3）。どんな生き物も子供のときはかわいいものだ。

また、卵胎生（らんたいせい）といって、卵が親の体内で孵化して、その子供が親から直接出てくる形式をとる陸貝もある。陸貝の繁殖行動にもいろいろあるということだ。

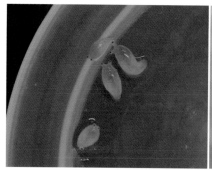

図3：生まれて間もないナメクジの稚貝。つぶらな目がかわいい。この後、マンガ家のべつやくれいさんに1週間飼ってもらうことになるとは……（4ページ）。

陸貝はベジタリアン系の雑食

　一般的なイメージのとおり、陸貝は葉っぱやキノコなどを主に食べると考えられている。ときどき、地面に落ちたミミズの死体を陸貝が食べているのを見かけることもあるので、多くの陸貝は概して植食中心の雑食なのだと思われる。

　実は、野外で陸貝がどの食べ物をどれだけ食べているか詳しく調べられたことが少ない。糞（ふん）の内容を調べると食べているものはわかるのだが、それが栄養として陸貝に消化・吸収されているのか、つまりちゃんとした餌になっているのかについて、詳しくわかっていない。もちろん飼育下でレタスやニンジンなどの野菜を与えると陸貝は喜んで食べるが、野外で実際に何を餌とするかをちゃんと証明するのはなかなか難しい。

　そんな中、北海道の樹の上に棲むサッポロマイマイは、木の表面に生えるような地衣類（ち い るい）やコケ類を食べて利用する可能性が高いことが、安定同位体（あんてい どう い たい）という手法を用いた研究でわかってきている。一方で、陸貝の中には生きた多足類（た そくるい）やミミズ類、さらには他の陸貝を積極的に襲って食べるものもいる。

陸貝の天敵はだれ？

　陸貝は、さまざまな生物に食べられている。沖縄県の公園で調査をしたとき、夜にたくさんのオキナワウスカワマイマイやアジアベッコウの仲間が這い出てきていたが、いくつかの個体は肉食性のニューギニアヤリガタウズムシという扁形動物（へんけいどうぶつ）に襲われていた（図4）。

　韓国の済州島（ちぇじゅとう）では、小型の陸貝であるゴマガイの一種（殻高（かくこう）4mmほど）が、同じく微小なベッコウマイマイの仲間（肉食性の陸貝、おそらくオオクラヒメベッコウ）に襲われて、殻に穴を開けら

図4：陸貝とそれに攻撃をしかけるニューギニアヤリガタウズムシ。沖縄県では、夜な夜な彼らの戦いが繰り広げられている。

図5：殻に大きな穴が開いたツクシマイマイの死殻。この状態でフィールドで発見された。おそらく、鳥につつかれて肉を食べられてしまったのだろう。

れ食べられていたのを偶然見かけたことがある。また、日本国内のいろんな場所で行なってきた野外調査では、鳥に食べられて大きく穴が開けられた殻や（図5）、あるいはおそらく捕食者に襲われて殻がバラバラにされた残骸が落ちているのを見かけることがある。

文献では、アライグマ、ホンドテンやドブネズミなどの哺乳類や、オオバンなどの鳥類が陸貝をよく食べることが報告されている。

国の天然記念物ヤンバルクイナは地上を歩く飛べない鳥だが、この鳥も陸貝をよく食べているようで、殻を割って中身を食べる行動が観察されている。ヒメボタルの幼虫やマイマイカブリといった昆虫も陸貝を食べることが知られている。

さらに、イワサキセダカヘビはカタツムリを専食するヘビだと知られている。このように、陸貝はいろ

ろな動物の餌になっている。多くの陸貝が主に植物や菌類を食べて成長していると考えると、陸貝は、植物・菌類由来のエネルギーをより上位の捕食者にバトンタッチする栄養ポンプの役割を果たしている、といえよう。陸貝の生態的意義を考えるうえで、このことはとても大きいと僕は考えている。

寄生虫は「口の周りのあんこ」

陸貝の寄生虫の中には、陸貝が食べられることで、次の宿主である鳥や獣に感染できるものがいる。逆にいえば、そういう寄生虫が体内から出た動物は、過去に陸貝を食べたことがある、ということになる。口の周りについたあんこで饅頭の盗み食いがバレるようなものだ。

例えばアライグマ、アカネズミ、ヒミズ（小型の哺乳類）、ヒキガエル、ツグミの仲間からそういった寄生虫

陸貝のすすめ

陸貝の奇妙な生活

125

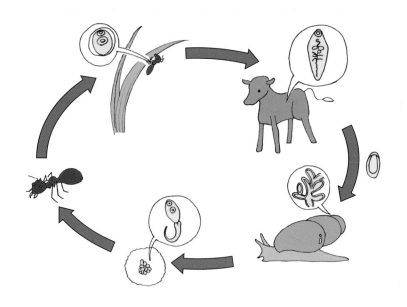

図6：アリは陸貝が出した粘球を餌と間違えて巣に持ち帰り食べることで、槍形吸虫に感染する。その後、アリは寄生虫による行動操作を受けて、日の低いうちに草の上に登って葉にかみついて離れなくなる。そのアリのついた草がヒツジなどの植物食の動物に食べられることで、アリの中の槍形吸虫は大型哺乳類に寄生できるのだ。

が見つかっている。

　ちょっと変わった例として、イカルという鳥からも見つかっている。イカルは主に木の実を食べる鳥とされていて（たまに昆虫を食べることもあるが）、陸貝を食べたという話は聞いたことがない。講演会やワークショップでイカルから出た陸貝寄生虫の話をすると、オーディエンスの鳥屋さんに驚かれることが多い。

　世界的には、ハトやカモメの仲間のような、いかにもカタツムリを食べなさそうな鳥からも陸貝の寄生虫が見つかっている。こう考えてみる

と、私たちが知っているよりもかなり多くの種類の鳥が、実は陸貝を餌にしているのかもしれない。

食べられないための陸貝の抵抗

　このように、陸貝はさまざまな動物に食べられているが、彼らもただ手をこまねいているわけではなく、いろいろな手段で抵抗している。

　例えば陸貝の中で、殻の形、特にキセルガイのように殻口を変形させているものは、マイマイカブリのような肉食の昆虫の頭が殻口から内部に侵入しないようにするためだと考

えられている。樹上性の陸貝の中には、捕食者に見つからないように、色を葉っぱそっくりの緑色に進化させた陸貝がいる（96ページ）。

また、樹上性のサッポロマイマイ（40ページ）は、マイマイカブリやキツネのような地上を歩くタイプの捕食者を避けるために木の上で生活していると考えられている。

エゾマイマイ（38ページ）は、肉食の昆虫に遭遇すると、殻を大きく振り回して相手を攻撃する。ナメクジ類の多くは、つついていじめると大量のぶよぶよの粘液を出して抵抗する。この粘液は、陸貝が普段分泌しているさらさらなものではなく、乾きかけの合成糊のような硬くてねばっこいものだ。これが口についてしまうと、昆虫のような小型の捕食者は口を開けず困ってしまうだろう。

陸貝の粘液はアリの餌になる？

ここまでは、陸貝の肉を餌として食べる動物の話をしてきた。一方で、陸貝が分泌するきらきらした粘液が他の動物に食べられるという話はほとんど聞いたことがない。実は、ある寄生虫の生活史を論じた文献に、アリが陸貝の粘液由来のものを餌と間違えることが書かれている。

槍形吸虫はヒツジなどの大型哺乳類の寄生虫種だ。哺乳類に寄生するのは成虫で、その幼虫は陸貝とアリに寄生する（図6）。まず、大型哺乳類の糞とともに排出された槍形吸虫の卵を食べて陸貝が感染する。感染した陸貝の中ではたくさんの寄生虫の幼虫がつくられる。やがて、陸貝の卵そっくりな粘球（粘液でできたボール）が陸貝の呼吸孔から出てくる。この粘球の内部には、槍形吸虫の幼虫が多数入っている。やがて、アリがその粘球を餌と間違えて巣に持ち帰り食べることで、アリが槍形吸虫に感染する。

なぜアリは粘球を餌と間違えて巣まで運んでしまうのだろう。もともと陸貝の粘液はアリにとっていい餌で普段から食べており、その塊である粘球はごちそうなのだろうか。その理由があって、寄生虫は陸貝の粘液を利用して、感染を広げるように進化したのだろうか。それとも、粘液自体にアリが引き寄せられているのではなく、粘球に寄生虫由来のアリの好きなものでも混ざっているのだろうか。このことを確かめるためには、慎重に研究を進める必要があるだろう。

陸貝と小さな仲間たち

素朴な質問

「カタツムリが好きなのに、研究するのはカタツムリの寄生虫なんですね……」。

こうした質問を人から受けるまで、あまり深く考えたことはなかったが、たしかにカタツムリが好きならば、カタツムリそのものを研究するのが自然だ。

陸貝を好きな僕が、なぜあえて陸貝の寄生虫を研究しているのか、その理由を語るには、16年ほど前まで遡らなければならない。

貝類との出会い

当時、大学2年生だった僕は、大学の生物サークルに入っていた。そのサークルの活動は、メンバーで一緒にフィールドワークに出かけたり、生物を採集して標本に加工したり、部室の机の上で生物を飼育したり……といったものだった。

サークルには虫屋や鳥屋、シダ屋あるいはキノコ屋など、ある特定の分類群の知識や標本収集に特化した○○屋の学生がたくさんいた。彼らは、それぞれ好きな分類群で標本採集や野外観察をしていて、それにかける情熱は傍から見ていてもすごかった。

一方、僕はどうだったかというと、「動物も植物も好きだけど、特にこれといって、あるグループに特化しているわけではない、単なる生き物好き」にとどまっていて、同じサークルの後輩からは「ジェネラリスト」などと呼ばれていた。そんな中、じゃあ僕も特定のグループの見識を深めてみよう、標本を集めてみようと思い立って手をつけたのが、クモ類、多足類（ムカデやヤスデの仲間）、そして貝類だった。この当時の僕は、まだ寄生虫に注目していなかったのだ。

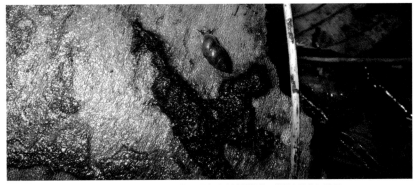

図1：アズキガイ（31ページ）。現在は広域種だが、僕が本格的に陸貝を集め始めたころは、関東にはおらず、図鑑で見るばかりの貝だった。

陸貝は自分で採れるのがいい

　一般的に生き物は、どの分類群も、ちゃんと触れたり調べたりして深みを知れば面白い。ここにあげた３つの分類群も例外ではなく、その形態はとても多様で魅力的だった。また、いずれも生物サークルに専門の学生がいなかったため、当時のサークル活動でのニッチを開拓し、そこで自分しか知らない世界を構築できたのも満足度が高かった。

　しかしながら、３つの分類群を同時並行でやるのは労力的に厳しくて、それら３つの中でも見た目が美しくコレクション要素の高い貝類、特に自分で採れる陸貝の世界を深めるようになったのだ（図1）。

進路選択を迫られ……

　僕が通った大学では、学部２年から３年に進学する少し前に、その後の大学生活２年間で学ぶ分野を自分で決めなければならなかった。読者の皆さんは、陸貝が好きだった僕は森林分野に進んだと思われたかもしれないが、当時の僕は陸よりも海のほうが総合評価で好きだった。

　というのも、好きな陸貝がいる陸よりも、海産貝類に加えてウミグモ、イソギンチャク、ナマコなどの変わった形をしたさまざまな無脊椎動物がひしめく海のほうが、「総合的な好きさ度合い」が勝っていたのだ。こうして当時の僕は、学部３年から水圏の部門に進学した。

　さらに学部４年になると、いくつかある水圏の研究室の中から１つを選んでそこに所属する必要がある。研究室を選ぶ僕の基準は、そこで行なう卒業研究で海の貝が扱えるかどうかだったのだが、水圏のほとんどの研究室では貝以外の水産動物を扱っていた。その中で唯一貝を扱っていたのが、魚介類の病気を扱う研究

図2：思い出の貝殻の1つ、殻長19cmのマダカアワビ。蒐集対象がきれいな貝から地味めの貝にシフトし始めたころの標本。神奈川県産。

室だった。僕は貝さえ触れていれば幸せだったのでそこに入り、貝の病気の病原体となる寄生虫の研究を始めた。

貝もいいが寄生虫も

貝は貝で好きだったけど、寄生虫もかなり面白くて、その研究にのめりこんでいった。日本には、海の貝につく寄生虫を研究する人があまりいなかったので、僕自身がパイオニアということになり、それもニッチ好きな僕の性に合っていた。

やがて、紆余曲折の末に、貝の寄生虫をテーマにした博士論文を仕上げて学位を取得した後、さらに寄生虫の研究を続けようとしたけれど、海の貝は漁業権がからんだり、海の深いところの貝を採るには船を動かして（お金もかけて）採集機器を仕掛ける必要があったりと、一人の研究者が簡単に研究するのはなかなか難し

かった。こういった経緯で、自分の足と手で採集できる陸貝を対象に、その寄生虫を研究するという方向性が固まった。

日本には、陸貝の多様な寄生虫をメインテーマにする人がほとんどいなかったので、僕の性格によくマッチした。こういった経緯で、僕は陸貝の寄生虫を研究するようになった。

寄生虫は怖い？

寄生虫といえば、ジェームズ・キャメロン監督の『エイリアン2』とか、ジョン・カーペンター監督の『遊星からの物体X』などの、人を殺すクリーチャーを想像する人も多いのではないだろうか。あるいは、映画版『パラサイト・イヴ』の葉月里緒菜が演じたような、美しくも結局は人類に害なすものを想像する方も少なくないだろう。

寄生虫の怖い・気持ち悪いといったイメージは、敵としての役づくりにたしかに合っている。完全に善いもんとして出てくる寄生虫は、あさりよしとお先生のマンガ『ただいま寄生中』でしか僕は見たことがない。

現実に出会う寄生虫

さて、現実世界での寄生虫はどうかというと、人に寄生してやがて死に至らしめる恐ろしい寄生虫は地球上にたしかに存在するのだが、葉月里緒奈が演じたように同族の宿主を

燃やすなどして派手に人を殺すものはいない。そもそも、寄生虫＝人を殺すというわけではない。

実は、寄生虫の分類群は多岐にわたり、その種数も膨大だ。その膨大な種から構成される寄生虫群の、ごくごく一部の種だけが人に寄生することができ、人に寄生できる種のさらに一部の種だけが人に明らかな害をなす。

とどのつまり、寄生虫という生き物のほとんどは、人に感染することはなく、人の預かり知らない場所で野生の生き物に寄生しており、そこでひっそりと（しかし一生懸命に）生きている。陸貝の寄生虫も同じだ。陸貝の寄生虫には、人に寄生する有名な広東住血線虫（かんとんじゅうけつせんちゅう）がいるけれど、そういう寄生虫は膨大な「陸貝の寄生虫」の中のごく一部にすぎない、ということだ。

新種や日本初記録の種を発見

陸貝につく寄生虫を対象とした生物多様性（ぶったようせい）や生態（せいたい）の研究は、日本では公衆衛生（こうしゅうえいせい）に関するものを除けばあまり進んでいない。戦前には、陸貝の寄生虫の多様性を研究した人もいたが、それ以降、日本では半世紀以上、それメインで研究した科学者は見当たらない。

一方、僕たちが陸貝の寄生虫を調べてみると、数年の調査でさまざまな寄生虫が見つかった。外見はそっ

図3：ミスジマイマイは、僕が吸虫キノボリマイマイサンゴムシの幼虫を初めて見つけた陸貝。発見から3年後、この吸虫を新種とする論文を出した。

くりでも、遺伝子を調べてみると実は違う種であることがわかったり、電子顕微鏡（でんしけんびきょう）で2種の微細構造を見比べて形の違いを新たに見つけたりと、戦前の先行研究とはまた違った視点で研究ができている。

これまで30種類にもおよぶ寄生虫を見つけたが、その多くが新種（しんしゅ）あるいは日本初記録の種で、いまはそれらの論文の執筆に追われている。

これまで採れた陸貝の寄生虫は、何も人里離れた山とか絶海の孤島にいたわけではなく、そのへんの緑地とか、自然公園とか、大学のキャンパスにいたものだ。これはつまり僕たちの身近にたくさんいる寄生虫が、いまのいままで存在すら知られず生きてきた、ということを示している。このあと、その寄生虫たちの一部を紹介するので、身近だけど無視されてきた多様な寄生虫の存在を、ぜひ感じ取ってほしい。

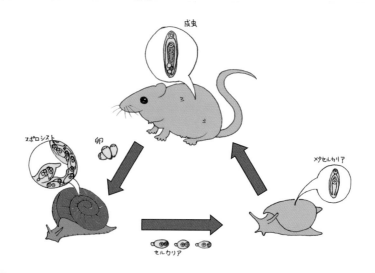

図4：マイマイサンゴムシ類の一般的な生活史。成虫の宿主（図ではネズミ）は種によって異なる。カタツムリに寄生する幼虫ステージが未発見なマイマイサンゴムシ類は多い。逆に、幼虫ステージは見つかっているが、野外で成虫が見つかっていないものもいる。

マイマイサンゴムシ類（吸虫）

　マイマイサンゴムシ類は、陸貝を幼虫の宿主として利用する。幼虫の宿主を「中間宿主」という（図4）。一方で成虫は、哺乳類や鳥類などの脊椎動物の消化管に寄生する。成虫の宿主を「終宿主」という。異なる宿主を一生の間に渡り歩くために、この虫は複雑な生活史を送っている。

　まず、この吸虫には、幼虫のステージが主に3つある。1つめはスポロシストと呼ばれるステージだ。これは第一中間宿主の陸貝の肝膵臓に寄生して、その中でサンゴ状に枝分かれしてどんどん分岐しながら成長する。スポロシストはどんどん大き

くなり、やがて陸貝の肝膵臓の大部分がこの寄生虫に置き換わってしまうこともある。

　スポロシストの内部では分裂が繰り返され、その1つひとつがセルカリアと呼ばれる2つめの幼虫ステージになる。セルカリアはスポロシストから出て、さらに第一中間宿主の陸貝の体から外に出て、また別の宿主の陸貝に感染する。感染したセルカリアは、第二中間宿主の腎臓や体腔の中などで大きくなり、メタセルカリアと呼ばれる3つめの幼虫ステージになる。

　最終的に、メタセルカリアに感染した陸貝が終宿主の脊椎動物に食べ

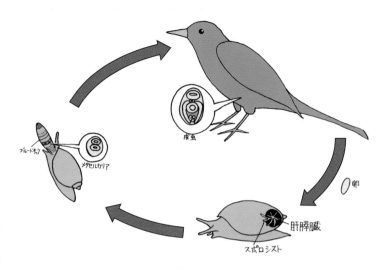

図5：ロイコクロリディウム類の生活史。同じ陸貝内で卵からメタセル
カリアまで発達する。一般的に、寄生虫の種判別には生殖器官の形が重
要だ。それが未発達な幼虫は種不明となることが多いが、日本のロイコ
クロリディウムは幼虫のブルードサックの色で種判別できるので、その
点で珍しい寄生虫といえる。

られることで、その消化管内に到達
して成虫となる。成虫から生まれた
卵は、脊椎動物の糞と一緒に外に排
出され、卵が第一中間宿主の陸貝に
食べられて、また感染していく。

ロイコクロリディウム類（吸虫）

　メディアやTwitterなどで取り上げ
られてしばしば話題になる寄生虫で、
中間宿主はオカモノアラガイ（図5）。
その眼柄に「ブルードサック」と呼
ばれる器官が入り込むが、その見た
目がイモムシそっくりでよく動く
（図6）。その様子を見た終宿主の鳥
がイモムシと勘違いして食べる、と
いう話がまことしやかに伝えられて

図6：ロイコクロリディウム類（*Leucochloridium paradoxum*）に感染したオカモノアラガイ（写真提供：中尾稔氏・佐々木瑞希氏）。

いるが、"勘違いして"食べているの
かはちゃんと確かめられていない。

　ブルードサックにはたくさんのメ
タセルカリアが入っているので、そ
れらが鳥の消化管内に感染して成虫
になる。また、日本の鳥の消化管か

陸貝のすすめ

陸貝と小さな仲間たち

133

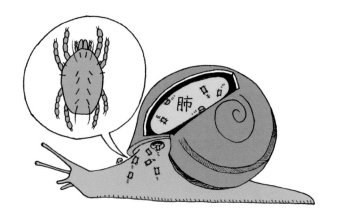

図7：カタツムリダニ類が陸貝に寄生する様子。肺の外に出る頻度はダニの種によって異なる。フィールドを探せば、案外たくさんのカタツムリがこのダニ類に寄生されているのがわかる。寄生虫とは思えないほど素早く動くのは、宿主から宿主へ素早く乗り移るためか。殻を光に透かすと肺の中のダニが見えることもある。

らロイコクロリディウム類の成虫が実際に出てきており、幼虫に感染したオカモノアラガイは鳥に間違いなく食べられているようだ。

成虫から生まれた卵は鳥の糞とともに外へ出て、その卵を食べたオカモノアラガイが感染する。オカモノアラガイの肝膵臓でスポロシストができ、それがやがてブルードサックに発達していく。日本のもののブルードサックの色と模様は種によって異なるので、幼虫で種がわかる珍しい寄生虫といえるだろう。

日本のオカモノアラガイ類からは少なくとも3種が確認されている。北海道と沖縄県での目撃例が多く、本州などでは少ない。

カタツムリダニ類（節足動物）

カタツムリダニは人にはつかないダニの仲間で、陸貝の肺の中、肺と外界をつなぐ呼吸孔、さらに呼吸孔周辺の体外表面にくっついている（図7）。肺の中で吸血すると考えられているが、日本のカタツムリダニではちゃんと確認されていない。

僕の感想としては、取りついた陸貝への病害性はあまりないようだが、陸貝を飼育している方によると、このダニがわくと陸貝の調子が悪くなるらしいので、一度ちゃんと病原性を確かめたいと思っている。

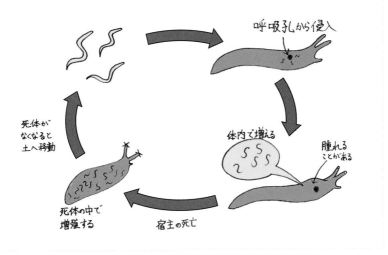

図8：ナメクジカンセンチュウ類の生活史。この線虫の寄生で死んだナメクジからは本当にたくさんの虫体が出てくる。ナメクジの死肉で培養できるので、さまざまな室内実験に活用できる。海外の種では、幼虫を水道水に入れて冷蔵庫で冷やしておくことで、しばらく虫体を保管できるらしい。

世界には8種いて、日本ではこれまで3種が見つかっている。まずは関東の一部で見つかっているワスレナカタツムリダニ。それから千葉県からのみ見つかっているニュウムラカタツムリダニ、そして国内で広く局地的に分布するダイダイカタツムリダニだ。3種の中で最も見つけやすいのはダイダイカタツムリダニで、陸貝の体の外側で素早く動くのでよく目立つ。

ナメクジカンセンチュウ類（線虫）

ナメクジカンセンチュウ類は、ナメクジ類を主な宿主とする線虫だ（図8）。ナメクジ類に寄生する桿線虫の仲間なのでこの名がついた。ナメクジ類に感染中、という意味ではない。世界にはカタツムリに感染した例もあるようだが、ナメクジ類もカタツムリもどちらも陸貝の仲間なのでまったく不思議ではない。

この線虫は、土壌中に潜伏する感染ステージの幼虫が、ナメクジ類の呼吸孔などを通じて侵入して感染する。感染後、ナメクジ類の体内で増殖を繰り返し、やがて宿主は死んでしまう。このナメクジ類に対する病害性は、ナメクジカンセンチュウ類の共生細菌の影響が大きいと考えられている。その後、宿主が死亡すると、今度はその死体やバクテリアを

食べて、それを糧にさらに線虫が増殖する。やがて死体を利用しつくすと、線虫は再び土壌に戻っていく。日本では、少なくとも近畿地方から関東地方にかけては局地的に分布していることがわかっている。

ヨーロッパでは、ナメクジカンセンチュウ類の一種が培養・生産され、パッケージに詰められてナメクジ類駆除の生物農薬として売られており、ネット通販も行なわれている。試しに買ってみよう！とウェブサイトにアクセスしたけれど、残念なことに日本までは届けてくれないようだ……。カスタマーレビューは☆5中☆4.8と最大値に近いので、使用者の評判はとてもいいようだ。

ここでよく聞かれるのが、「日本に分布するナメクジカンセンチュウ類が生物農薬として使えるのかどうか？」ということなのだが、一般的に生物を人の手で野外にばらまくのは慎重になる必要がある。特に、ナメクジカンセンチュウ類のような土壌動物の場合は、種が同じでも地域によって遺伝子の型が大きく違うこともある。

例えば、東京都と京都府で採れるナメクジカンセンチュウの種が仮に同じとする。しかし、種レベルで同じだとしても、東京と京都のものでは遺伝子の型がまったく違うことがある。もしも東京のナメクジカンセンチュウを京都で撒こうものなら、京都にはいなかった遺伝子型をもつ線虫をばらまくことになる。それらが京都の線虫と交雑して子供ができて広がっていくと、もう純粋な京都の遺伝子型をもつ線虫は失われてしまうかもしれない。

もし仮に、日本のナメクジカンセンチュウ類には地域ごとの遺伝子型の違いがなかったとしても、今度は日本の線虫を商業的に培養してパック詰めして販売するための技術や、販売ルートを開拓しなければならない。生物農薬を実用化するのはなかなか難しいのだ。

クビキレセンチュウ（線虫）

ナメクジ類の解剖をしていると、くねくね動く、クビキレセンチュウという名の線虫が消化管内から出てくることがある。この線虫の病害性は不明だが、おそらくナメクジカンセンチュウとは違って宿主を殺すことはなく、宿主の消化管内の食べ物のおこぼれをもらっているような、半ば共存に近いかたちで生きていると僕は考えている。

クビキレセンチュウという和名を漢字で書くと「首切れ線虫」となり物騒だが、口が大きく開いている様子があたかも、線虫の頭が途中でちょん切れているように見えるためだ（図9）。陸貝の首を切ったりはしないのでご安心を。生活史についてはよくわかっておらず、どういった経

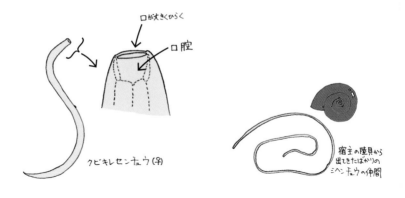

口が大きくひらく
口腔

クビキレセンチュウ（♀）

宿主の陸貝から
出てきたばかりの
シヘンチュウの仲間

図9：クビキレセンチュウ（左）とシヘンチュウ類（右）。クビキレセンチュウの仲間は種によって宿主が異なり、陸貝、両生類、爬虫類と多岐にわたる。シヘンチュウ類は、昆虫につく種類がよく知られており、生物農薬として活用するための研究例もある。いずれも線虫の仲間。

路で陸貝に寄生するのかもよくわかっていない。

シヘンチュウ類（線虫）

　日本では東京都のベッコウマイマイの仲間からシヘンチュウ類が出てきた記録がある（図9）。シヘンチュウ類は、陸貝の内臓に幼虫が寄生し、ある程度成長すると宿主の陸貝から脱出して、土や水の中で成虫となり、やがて産卵すると考えられている。巨大な線虫で、寄生時にはコンパクトに体を折りたたんでいて陸貝の体に収納されているが、それでも内臓のほとんどがこの線虫にとってかわられてしまうほど。この線虫に感染した陸貝は死んでしまう可能性が高

いと考えられる。陸貝を解剖して外に出して伸ばすと驚きの長さになる。

人体への感染例はなし

　このように、カタツムリにはたくさんの寄生虫がついているが、この章で絵とともに紹介したものは、いずれも人への感染例は日本ではない。

　とはいえ、陸貝には人体に有害な寄生虫がついていることもあろうし、寄生虫以外にも雑菌はたくさんついているものだ（これは、どんな生き物でも同じことだ）。かといって過度に恐れる必要はなく、陸貝を触った後は必ず手を洗うようにして、あとは普段どおりの生活を心がけよう。

ナメクジはなぜ
嫌われるのか

2つの意味をもつ「ナメクジ」

　「ナメクジ」といえば、ふつうは殻のない陸貝のことを指す。本書でも、ナメクジの仲間のことを総じて「ナメクジ」と呼んでいる。

　ちょっとややこしいのだが、ナメクジには「ナメクジ」という名前のナメクジがいる。それは*Meghimatium bilineatum*という学名のつけられたナメクジで、「ナメクジ」という和名があてられている。例えていうなら、「人間」という名前の人がいるようなものだ。こんな事情があるので単に「ナメクジ」と発言するだけでは、ナメクジの仲間の総称を指すのか、*Meghimatium bilineatum*という種を指すのかわからない。

　ここからは、ナメクジの仲間という意味でのナメクジは「ナメクジ類」（図1の①）と呼び、和名がナメクジで、学名*Meghimatium bilineatum*のほうは「ナメクジ」（図1の②）として話

を進めていこう。

僕も触るのは苦手

　ナメクジ類が好きな人は少ない。ナメクジ類は、どちらかといえば嫌われ者だ。ナメクジ類の寄生虫の研究をしている僕ですら、ナメクジ類にはできるだけ触ることなく生きていたい。

　研究のためにどうしても解剖しなければならないときには、鋏とピンセットを駆使して、自分の肌にナメクジ類の体と粘液ができるだけ触れないようにしている。

　普段ナメクジ類を見るのは好きな僕ですらこうなのだから、普段からナメクジ類に慣れていない人の嫌い加減たるや、想像に難くない。

　不思議なことに、ナメクジ類と同じ仲間のカタツムリは、ナメクジ類に殻が追加された体をもつだけなのにとても人気がある。例えばでんで

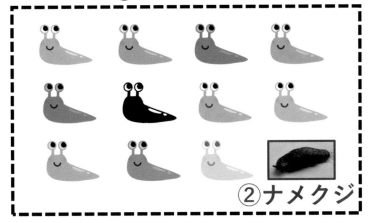

①ナメクジ類

②ナメクジ

図1：ナメクジ類とナメクジの概念図。世界にはいろいろな種類のナメクジ類がいるけど（①）、その中に「ナメクジ」という名前のナメクジ類がいる（②）。「ナメクジ」は背中に甲羅のないとてもシンプルなナメクジ類で、簡単なナメクジ類の絵を描くと図らずもこの「ナメクジ」の姿になる。

んむしはかわいい童謡になっている。

こうした“人類によるナメクジ下げ”、そして“でんでんむし晶屓”はいったいどうしたことだろう。その理由を考えるヒントが、アシヒダナメクジというナメクジにあるのではないかと考えている。

触れるかどうかの境界線

アシヒダナメクジ（図2）は、アフリカ原産とされ、日本では沖縄県などに持ち込まれて増えている外来種のナメクジ類だ。実は、僕はこのナメクジ類に限って触ることに抵抗がない。

というのも、アシヒダナメクジは一般的なナメクジ類と比べてあまり

ヌメヌメしていない。体の表面はあたかもマット紙のようにザラザラしていてカチコチに硬い。いじめるとナメクジ類よろしく粘液を出して抵抗するが、その粘液はさらさらしていて気持ち悪くない、とても上品なナメクジ類だ。

つまるところ、ヌメヌメしたナメクジ類の体こそが“ナメクジ下げ”の原因の一端を担っているのではないだろうか？（図3）

日本産の嫌われ者たち

さて、日本には他にもいくつかナメクジ類がいる。僕は、どれにも触りたくない。

図2：野生のアシヒダナメクジ。大きさは8cmくらい。沖縄県では落ち葉の裏に張りついていた。個体数はとても多く、夜に歩き回る。

図3：アシヒダナメクジの背面写真。よく見かけるナメクジ類と異なり、背中がザラザラして見える。黒い背中の真ん中に黄色い筋が走る。

図4：チャコウラナメクジ類*Ambigolimax* sp.。体の中央近くにある穴は呼吸孔で、奥に肺が続く。

チャコウラナメクジの仲間*Ambigolimax* spp.（以下、チャコウラナメクジ類）は、公園の花壇やブロック塀でよく見かける種類だ（図4）。

乾燥に強いナメクジ類で、都会に棲んでいる人間には特になじみ深いナメクジ類といえるけど、実はヨーロッパ原産(げんさん)の外来種(がいらいしゅ)だ。

日本には、少なくともチャコウラナメクジとニヨリチャコウラナメクジの２種が移入していることが確認済みだが、正確に種を分けるには、解剖して生殖器(せいしょくき)を観察する必要があ

る。これらの体の表面はべとっとしていて、とてもヌメヌメしている。

先ほど登場したナメクジ*M. bilineatum*（図5）は、日本在来(ざいらい)とされるナメクジ類だ。日本全国津々浦々の花壇、公園、畑、人家の裏などさまざまな場所で見つけることができる。都内の公園でも、木がよく茂っているようなところにいて、夜になると木に登る。本種も体表面はヌメヌメしている。

ヤマナメクジ（図6）もよく見かけるナメクジ類で、雑木林、杉林、自然

図5：ナメクジ*M. bilineatum*。本によっては「フツ
ウナメクジ」「フタスジナメクジ」とされることも
ある。

図6：ヤマナメクジ*M. fruhstorferi*。体長15cmを超
えるとても大きなナメクジだ。左側手前にある黄色
いものは本種の粘液のかたまり。

度の高い都市公園など、チャコウラ
ナメクジ類やナメクジよりも自然度
の高いところにいる。茶色い体は落
ち葉や朽木に擬態するためではなか
ろうか。これも体がヌメヌメしてい
る。

　このように、僕が触れないナメク
ジ類はどれも体がヌメヌメしている。
このことは、「ヌメヌメ感がナメク
ジ類の嫌われるゆえんではないか」
という僕の仮説を支持するものだ。

　ただ、僕は卵の白身とワカメが苦
手なので、単にヌメヌメしたものが
個人的に嫌いなだけかもしれない。

きれいな色をしていたら……

　皆さんはウミウシをご存じだろう
か。夏に磯の潮だまりを歩いている
と、原色の小さなウミウシに出会う
ことがある。種類によって色が違っ
ていて、青いものから黄色いものま
でさまざまだ。

　いまや、ウミウシは愛されている
生き物の代表格みたいなものに昇り
つめていて、「フルーツポンチ」や
「シンデレラ」などの名前がつけら
れ、ダイバーによる写真集まで出て
いる。ファン層が厚く、インターネ
ット界隈にも生態写真が掲載された
ウェブサイトがたくさんある。

　ウミウシは分類学的には貝の仲間
で、殻をなくすよう進化した巻貝だ。
その証拠にウミウシは、他の巻貝と
共通した体の構造を多くもつ。

　一番わかりやすいのは、足が平べ
ったくて、這って移動することだろ
う。魚屋の生け簀やメダカ水槽でア
ワビやタニシが這って移動するのを
見たことがあるだろう。ウミウシも
それと同じように歩く。

　このようなウミウシと同じく、殻
をなくす方向に進化した貝がいるが、
そちらは全然愛されていない。もう
お気づきだろうが、我らがナメクジ

図7：ヤマナメクジはかなり大きく育つ。この個体は、背中にくさび上の模様があって、どことなく落ち葉っぽい模様だ。

図8：雨あがりのチャコウラナメクジ類。背中の白いものが本種の殻。肉の中に完全に入っている殻が透けて見えている。

類である（図7）。

英語でも「マヌケ」の意味に

　ナメクジ類は、カタツムリの仲間が殻をなくす方向に進化したものだ。しかしながら、何度も繰り返すが、ナメクジ類はウミウシのように愛されていない。

　写真集なんかもってのほかで、むしろナメクジ駆除剤がホームセンターで売られている。あるいは、塩をかけられていじめられている。「ナメクジ野郎」は悪口で、僕も言われたらいい気はしない。

　英語でも「slug（ナメクジ）」には「うすのろ」「まぬけ」の意味があり、ナメクジ類の負のイメージは海を越えても共通のようだ。マニア向けに、ペット用のナメクジ類が通信販売されているようだけれど、ナメクジ類が好きという人は世界的に見ればとても少ないはずだ。

縁のない生き物

　僕は10歳くらいのときに、自宅の庭で長さ10cmくらいのヤマナメクジの仲間を見つけたことがある。子供心に見ても非常に気持ち悪かった。そのヤマナメクジがあまりにもデカかったので、当時の僕はそれをナメクジ類の仲間と認識できず、夏休みの日記の中で「ヤマナマコ」と勝手に命名したのを覚えている。

　大人になって貝殻を集めるようになったが、ナメクジ類は殻がないので蒐集の対象となるわけもなく、研究者となる前は、人生にあまり関係のない生き物の1つに成り下がっていた。

　実は、ナメクジ類には殻をもつ種類もいるけれど、そういう種類も日本にいるようなやつは背中に痕跡的に板状の殻が残っているだけで、とても集める気にはならなかった（図8）。

ナメクジを飼う

　月日は流れ、そんな僕も、研究のためにナメクジを飼うことになった。

　ナメクジの飼育実験に関する学術論文では、ナメクジにニンジンやレタスを与えて飼うことが多いようだ。

　なので僕も、飼っているナメクジにはレタスを与えることにしている。レタスは、僕も朝ごはんで食べるので、レタスの一番外側のちょっと茶色くなって普段なら捨ててしまうような葉っぱをナメクジに与えている。たまにニンジンの皮を与えることもあるけれど、これは僕のお昼の弁当をつくったときの残りで、普段なら生ゴミに出すようなものだ。そういう意味で、彼らの食費はゼロである。

　注意しないといけないのは、ショウガとかネギとか刺激の強い野菜を与えないことと、それを切った包丁とまな板でそのままレタスを切らないことだろう。あと、ニンジンは個体によって食べないこともある。

　飼育容器には、保湿のために、湿ったトイレットペーパーを入れているけれど、たまに餌をやり忘れたときにナメクジがそれを食べている。紙ももともと植物なわけだから、お腹が空いて仕方がなくなったときはナメクジも食べるようだ。

　飼育しているとあらためてよくわかるのが、ナメクジはとにかく粘液を出すことだ。ナメクジのヌメヌメは、保湿の役割が大きいとされてい

図9：ナメクジ類は触角をよく下向きに伸ばしている。正面からの写真はどのナメクジ類でもかわいい。

図10：チャコウラナメクジ類なら多少は乾燥に強かろうと思い、乾いた紙の上を歩かせてしまった写真。

るが、ナメクジをつつくと大量のぶよぶよの粘液を出して抵抗する。粘液は捕食者の捕食の邪魔にもなるようだ。

タレ目、美肌、美脚

　飼育してみてわかったことの1つは、ナメクジ類もかわいい一面があることだ。いい意味で「おや？」と思ったナメクジ類の姿を写真とともに紹介しよう。図9のナメクジは、僕にはタレ目に見えるけどどうだろう。どこがどうタレ目なのか、追及されると困るのだけど、顔から醸し出される雰囲気がタレ目っぽい。少なくともツリ目ではない。

図11：周縁のシマシマの部分がヤマナメクジの足。ちなみにこの部分、ナメクジ類の絵を描くときに書き込むと、一気にそれっぽく見える。

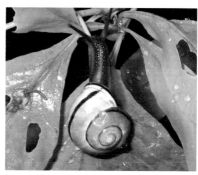

図12：カナダで見つけたモリマイマイ。日本にいない陸貝だが、ヨーロッパ原産なのでカナダでの外来種ということになる。

　図10は、チャコウラナメクジ類の体表のしわしわがきれいに写ったものだ。ナメクジ類の体表がしわしわなのは頭ではわかっていたけれど、こんなに幾何学的な模様だとは知らなかった。ちなみに、体の中央手前側に空いている穴は呼吸孔で、これが肺とつながっている。

　最後に、ナメクジ類の足を見てみよう。図11は日本産ヤマナメクジの一種で、右斜め後ろから撮影したものだ。シマシマの足周縁部が見えるだろう。このシマシマは、ヨーロッパにいるアリオン・スラッグというナメクジ類を見ていてきれいなことに気がつき、近頃ようやく、日本産ナメクジ類の足もなかなかきれいなことを知ったのだった。

海外に目を向けてみると

　研究活動や学会発表のため海外に行くことがある。そんな海外旅行の楽しみの１つは、フィールドでの動植物、もちろんカタツムリやナメクジ類を含めた生き物との出会いである。

　というのも、海外の生き物は、日本と種類が違うことが多く、日本の見慣れた種類とは形も色も大きさもかなり違っていることが多い（図12）。生き物のカタチに魅せられた生き物屋にとって、普段見慣れない生き物を見るのは幸せなことなのだ。

　これまで日本産の種類としっかり向き合って、その形とシルエットを目と頭にたたき込んできたからこそ、普段見慣れない外国の生き物の形を見たとき心打たれるのだ。

外国産の陸貝はカッコいい

　僕にとって、海外産の陸貝を見つけるのは基本的に幸せなことだけど、実は、外国産陸貝のいくつかの種は日本に外来種として入ってきている。

図13：真っ黄色の個体もいた。バナナでいうとまだ完熟ではない。この個体は触角を引っ込めている。いやなことでもあったんだろうか。左上に歩いたあとの粘液が見えるので、風通しのよさそうな橋の上まで歩いてきたものの、乾いてきたので力尽きてしまったか。

そういう種類は、国内でも観察することができて、案外身近なところにいたりする。

例えば、コハクガイは北米原産の小さな陸貝で、日本には外来種としてすでに侵入して、いまや国内に広く分布している。街中の公園や、花壇の石の裏などにもたくさんいるので、都心でも身近なところで見つけることができる。

しかしながら、コハクガイは小さくてつまらない貝なので、僕は全然ピンとこない。何を隠そう、僕はコハクガイの殻を1個しか持っていないし、写真を撮ったこともなかった。

コハクガイの話はこれくらいにして、海外のカッコいいナメクジの話をしよう。例えばBanana slug だ（図13）。Banana はバナナ、slugはナメクジの仲間のことで、Banana slugとは、バナナのような形のナメクジ、すなわち"バナナナメクジ"となる。

これはもちろん、日本にはいない種類のナメクジ類で、このバナナナメクジは、僕の興味を強く、強く、引きつけて止まない。

カナダへ会いに行ってきた

バナナナメクジの仲間は「オオコウラナメクジ上科」という分類群に含まれ、日本でふつうに見られるナメクジ類とは遠い親戚にあたる。ネットや文献でもたびたび紹介されている。

バナナナメクジの仲間は北米に3

図14：カナダ滞在時に最初に出会った体長4cmほどのバナナナメクジ。
まだ黒い斑点がないのは、若い個体だからか、あるいは個体差か。

図15：体長15cm以上ある大きなバナナナメクジ。体の下半分と外套膜
に黒い斑点がある。外套膜に模様がある個体はちょっと珍しかった。

種いる。この仲間は、アメリカ西海岸にあるカリフォルニア大学サンタクルス校のマークにも描かれており、現地ではなじみの深い生き物なのだろう。

　僕は、カナダに滞在したときに、偶然にもバナナナメクジのうち1種と出会うことができた。とてもすてきなナメクジ類だった。最初に見かけたものは、体長がだいたい4cmく

らいの個体だった（図14）。日本で見かけるナメクジ類とは形が違っていてそれはそれでよかったのだが、想像してたより小さかった。　事前情報で「バナナナメクジはデカくてすごい」と聞いていたので、バナナナメクジとはこんなものかとちょっとがっかり……と思っていたら、その後、大きな個体に遭遇できた。

図16：降雨後、公園の葉っぱの上を歩き回っていた個体。日に当たっていたが、空気中の湿度が高いので問題なかったのだろう。地上性だが、下草の葉っぱには登ってくる模様。

図17：バンクーバーの風景。木がとても大きいため、日本と同じ感覚で散歩していると、遠近法で木がなかなか近づかないような錯覚に陥る。この大自然でバナナナメクジは育まれている。

やはりデカかった

後日、遭遇した個体（図15）は、体長15cm以上はあっただろうか。体の色はちょっとくすんだ黄色だけど、黒い斑点があって、熟れたバナナにそっくりだ。背中の下半分を縦に走る出っ張り（キール）も、すごくバナナっぽくていい感じ。

他の場所では、図16のように、葉っぱの上にバナナナメクジの子供が乗っかっているのを見つけた。

出会ったバナナナメクジは、できれば解剖して、生殖器を見たり寄生虫がいないかチェックしたかったけど、海外なのでそれはできず、グッとこらえてお別れした。

近い将来、またバンクーバーの森（図17）を再訪して、もう一度バナナナメクジに会いたいものだ。

1週間、陸貝たちを飼ってみた 実践飼育 編

作・べっやくれい

レクチャーを受け、
いざ陸貝たちの飼育を開始します

レクチャーが終わってすぐ、ナメクジのティッシュを新しいものに替えて

ナメクジのほうはぎゅっと握った形のものが入っていたのでそれに習う。

ニシキマイマイにはトイレットペーパーをあげた。

マイマイ
まだ休眠中

トイレットペーパー

はじめにいたティッシュ

ところで、機嫌がよければ30分ほどで出てくると言われたニシキマイマイだが、

出てきたのは2時間後だった。

しかもうれしさのあまりタッパーを開けてみたら

うーおはよー

ぱか

シュッと引っ込んでしまった…

ごめん…

…気を取り直してナメクジにきゅうりをあげよう。

はじっこを輪切りにしてタッパーへ

ナメクジ

ナメクジ

わくわく

・・・・・・

なかなか食べてくれない。

夫に

ナメクジがきゅうりを
食べてくれない

と、
訴えて
みたが

…うん

ひとつも共感して
もらえなかった。

陸貝たちはとても
おっとりしているので

ゆっくり

ほかの動物みたいな反応が
ない。わからないから不安も
あるが新鮮でもある。

他の動物の
反応
↓

まてまて

くれー
エサ
くれーッ

まあ…腹が
へったら食べる
じゃろう…

しばらくそっと
しておこう…

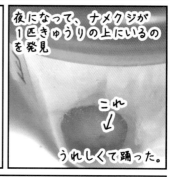

夜になって、ナメクジが
1匹きゅうりの上にいるの
を発見

これ
↓

うれしくて踊った。

翌日、ニシキマイマイが
タッパーの壁にのびのびと
はりついていた。

背中側から見たかったが、
タッパーを動かすと確実に驚かせて
しまうのでがまんした。

紙を食べたあとが
あったのも安心した。

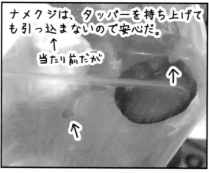

ナメクジは、タッパーを持ち上げて
も引っ込まないので安心だ。

↑
当たり前だが

そうだ
…

150

キャベツも追加でナメクジに
あげてみる。

ナメクジ、キャベツの
こと気にいってくれる
かな♡

完全に恋する乙女だ。

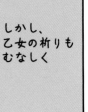

しかし、
乙女の祈りも
むなしく

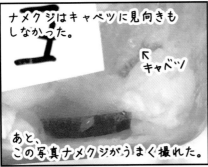

ナメクジはキャベツに見向きも
しなかった。

↖キャベツ

あと、
この写真ナメクジがうまく撮れた。

ナメクジって、
こんなに偏食なの…？

いっぽう、ニシキマイマイは
下に降りて紙を食べていた

背中のラインも確認できた

タッパーをあけて色も見たかったが、
ぜったい驚きそうだったのでタッパー
の外から見守るだけにした

キモい笑顔で見る
だけなら大丈夫

食べてるときに角が
動くのが
かわいいな…

あ、

ガッ

ごめん…

シュッ

151

ナメクジのタッパーをしめるときに
怖いのが、ナメクジをはさんじゃい
そうなこと。

↑
こういうところにいるやつ

そういう子は楊枝で
安全なところに移動
させてから

溝よりちょっと
内側へ

しめる。

ナメクジは全部で3匹いるの
だが、1匹小さくてきゅうりに
も興味を示さないやつがいるの
で少し心配なのである。

大きさ比でいうと このくらい

あと心配といえば、ニシキマイマイに
コブのようなものができているのも
心配で

←

様子をみて、具合が悪そう
だったら脇先生に相談しよ
う…

具合……
カタツムリの
具合って……

わからない
な……

…あ、これもしかして
フンかな…？

紙と
同じ色
だね

調べてみると、どうやら
そうらしい。

病気じゃなくて
よかった…

そうじして
やろう

なんとなくそうじした前回と違い「汚れたからティッシュを交換する」という意味のあることができた。

前回より満足感があったぞ

それにしても変わったところからフンをするんだな…

こんな感じでフンがついていてしばらくするととれる

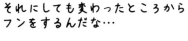

ナメクジのほうは、古いきゅうりを交換したいのだが、ナメクジがはりついていて交換できない。

楊枝でどけるのもかわいそうだしもしかしたら古いのが好きなのかもしれないし…

ナメクジの気持ちがわからず悩む…

…ので、古いきゅうりの横に新しいのを置いて選べるようにした。

新しいのを切ってる間に2匹が乗ってしまった(かわいい)

数十分後…

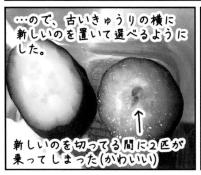

2匹とも新しいきゅうりに移っていた！

やっぱり新しいほうがいいんだな

ナメクジがきゅうり食べてくれるようになったよ！

…へえ

喜

と、夫に報告したが

やっぱりあまり共感してくれなかった

ただ、小さいやつだけきゅうりも食べずにフタにはりついている。

きゅうりもきらいなのか君は…

ニシキマイマイはすごく活動的な日と、あんまり動かずじっとしている日がある。

これはだいぶやる気がある日で

これはフタにくっついてじっとしていた日。

写真では違いがよくわからないのだが…。

ナメクジはかわいい写真があるので見てってください。

ぜひ！

せいいっぱい伸びてるところがかわいい！

曲がったりしてかわいい！

きゅうりにはりついててかわいい！

あっという間に1週間が経ち、陸貝たちを返す直前のレクチャーがあった。

エサを食べない個体がいるのは仕方ないです、と脇先生に言ってもらったが、個人的にはやっぱり責任を感じてしまった。

環境が合わなかったのかな…

その後、陸貝たちは脇先生の元へ帰っていき、

クール便で

あのおとなしすぎる陸貝たちでも、いなくなるとさみしいな…と思っています。

陸貝ミニ**Q&A**

べつやくれいさんのマンガにあるように、陸貝を飼い始めると
「これって大丈夫かな？」と不安に思うことがあるでしょう。
この質問コーナーの回答が、少しでも安心につながりますように。

Q1 陸貝のウンチは
どこから出てくるの？

A 殻の入り口（ナメクジ類なら首
のちょっと後ろ、外套膜に隠れ
ていることも）あたりにある
肛門です。図で確認してみ
てくださいね。

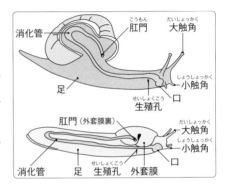

Q2 陸貝の赤ちゃんはどうやって産まれてくるの？

A 多くの種類では、親が生殖孔から産卵して、その卵から赤ちゃん
（稚貝）が産まれます。中には赤ちゃんを直接産む種類もあります。

Q3 カタツムリは怖がりなの？

A 怖いと思っているかはわかりませんが、普段から物陰に隠れている
個体はたくさんいます（木の上で生活するカタツムリなどの例外はあります）。
飼育ケースを叩いてもカタツムリが殻に引っ込まないこともありま
す。その日のコンディション（気分）によっても反応は違うのかもし
れません。

Q4 陸貝の動きはいつもゆっくりなの？

A とてもゆっくりです。ただし種類によっては、餌となるミミズを襲
うときに素早く動くものもいます。

Q5 陸貝はどうやって壁にくっついているの?

A 足の裏が平たくなっており、分泌される粘液を利用することで、上手に壁に張りついています。

Q6 ナメクジは偏食なの?

A 偏食といっていいかわかりませんが、種あるいは個体によって、ある食べ物を好んだり、そうでもなかったり、という差があります。キュウリは多くの個体にわりとウケがいいです。

Q7 カタツムリが食事中に触角(と目)を動かすのはなぜ?

A カタツムリには、口の中に味を感じるような器官がありません。その役割をする触角を食事中によく動かすのだと思います。

Q8 ナメクジの赤ちゃんはいつまでかわいいですか?

A かわいいと思える大きさには個人差があると思いますが、飼育時の成長速度はあまりよくわかっておらず、どのくらいで大きくなるかはほとんどのナメクジ類で不明です。

Q9 ナメクジの体の動かし方(154ページ)が、飼い主に向けたメッセージである可能性は?

A コミュニケーションはとれないと思います(笑)。とはいえ、明らかに具合が悪そうにじっとしていたりすると心配ですね。

Q10 飼っていた陸貝がいなくなったときの寂しい気持ちの補い方は?

A 採集に出かけてみては? あるいは、カタツムリの本を読んでみるとか。

おわりに

　どの陸貝もかわいいもので、特に大きなでんでんむしは茹でるのが申し訳なくなります。しかし結局は、その殻欲しさに茹でてしまいます。ふと気が向いて飼育したら、愛着がわいて茹でられなくなるケースもあるのですが（べつやくれいさんのマンガに登場するニシキマイマイがそれ）、個体が死んで殻だけ残ったとき、直接手を下さなかったことへの安堵感を覚えたりします（ただ、貝の死亡後に殻を処理すると、中に肉が残るのでやめたほうがいい）。皆さんは、生き物好きが一番生き物を殺す、という言葉を聞いたことがありますか。まさしく私の抱えるジレンマです。

　どんな陸貝でも、丁寧に標本にすると愛着がわきます。ともすれば軽んじられがちな普通種も、きれいに掃除してケースに入れるとよい標本になります。コレクション的にはレアで美しい貝を丁寧に扱いがちで、少なくとも無意識下（？）では私もそうです。また、珍しい陸貝を採ったときの喜びは何物にも代えがたい。とはいえ、どの陸貝も等しい命なので、大事にしたいですね。

　末筆ですが、貴重な資料を提供してくださった池澤広美氏、石川謙二氏、梅田剛佑氏、川名美佐男氏、小松崎茂氏、佐伯いく代氏、高橋文昭氏、伯耆匠二氏、増野和幸氏に感謝いたします。また、三本健二氏、山崎博継氏には、高知県の陸貝についてご教示いただきました。厚くお礼申し上げます。また、すてきなマンガを描いてくださったべつやくれい氏、ブックデザインご担当の平塚兼右氏と平塚恵美氏に、心からお礼を申し上げます。最後に、ベレ出版の永瀬敏章氏と「Web科学バー」主宰の畠山泰英氏には、本書の出版にあたりあらゆる面で非常にお世話になりました。ありがとうございました。

2020年6月

脇 司

主な参考文献

東 正雄.(1995).『原色日本陸産貝類図鑑』.保育社.

Hirano T, Yamazaki D, Uchida S, Saito T & Chiba S.(2019).
First record of the slug species *Semperula wallacei*(Issel, 1874)(Gastropoda: Eupulmonata: Veronicellidae)in Japan. *BioInvasions Records* 8:258–265.

Hoso M, Kameda Y, Wu SP, Asami T, Kato M & Hori M.(2010).
A speciation gene for left–right reversal in snails results in anti-predator adaptation. *Nature Communications* 1:1–7.

Morii Y, Prozorova L and Chiba S.(2016).
Parallel evolution of passive and active defence in land snails. *Scientific Reports* 6:35600.

Motochin R, Wang M and Ueshima R.(2017).
Molecular phylogeny, frequent parallel evolution and new system of Japanese clausiliid land snails(Gastropoda: Stylommatophora). *Zoological Journal of the Linnean Society* 181:795–845.

Nakao M, Waki T, Sasaki M, Anders JL, Koga D & Asakawa M.(2017).
Brachylaima ezohelicis sp. nov.(Trematoda: Brachylaimidae)found from the land snail *Ezohelix gainesi*, with a note of an unidentified *Brachylaima species* in Hokkaido, Japan. *Parasitology International* 66:240–249.

尾崎清明・原戸鉄二郎.(2009).
「ヤンバルクイナの生息域外保全と野生復帰環境整備技術開発」.環境技術開発等推進費平成18〜20年度最終報告書:345–358.

佐伯いく代・丹羽 慈・長田典之.(2017).
「外来生物アライグマによる樹上でのサッポロマイマイの捕食行動」.*Venus*(Journal of the Malacological Society of Japan)75:83–87.

Saeki I, Niwa S, Osada N, Hyodo F, Ohta T, Oishi Y and Hiura T.(2017).
Adaptive significance of arboreality: field evidence from a tree-climbing land snail. *Animal Behavior* 127:53–66.

酒井淳一.(2015).
「オオバン *Fulica atra* の育雛期における親鳥の食物内容と雛に対する給餌内容の特徴」.日本鳥学会誌 64:237–241.

高良鉄夫.(1954).
「尖閣列島の動物相について」.琉球大学農学部学術報告 1:58–74.

Waki T, Hino A & Umeda K.(2018).
Angiostoma namekuji n. sp.(Nematoda: Angiostomatidae)from terrestrial slugs on Oshiba Island in the Seto Inland Sea, Japan. *Systematic Parasitology* 95:913–920.

Waki T, Hiruta SF & Shimano S.(2018).
A new species of the genus *Riccardoella*(Acari: Prostigmata: Ereynetidae)from the land snail *Tauphaedusa tau*(Gastropoda: Clausiliidae)in Japan. *Zootaxa* 4402.1:163–174.

Waki T, Nakao M, Hayashi K, Ikezawa H & Tsutumi N.(2018).
Molecular and morphological discrimination of dicrocoeliid Larvae(Trematoda: Digenea)from terrestrial mollusks in Japan. *Journal of Parasitology* 104:660–670.

Waki T, Sasaki M, Mashino K, Iwaki T & Nakao M.(2020).
Brachylaima lignieuhadrae n. sp.(Trematoda: Brachylaimidae)from land snails of the genus *Euhadra* in Japan. *Parasitology International* 74:101992.

脇 司・澤畠拓夫.(2019).
「ナメクジ類に寄生するナメクジカンセンチュウ属(和名新称)線虫の国内における感染状況」.タクサ:日本動物分類学会誌 47:23–29.

Waki T, Shimano S & Asami T.(2019).
First record of *Riccardoella*(*Proriccardoella*)*triodopsis*(Acariformes: Trombidiformes: Ereynetidae)from Japan, with additional morphological information. *Species Diversity* 24:11–15.

脇 司・島野智之・浅見崇比呂.(2019).
「環境省版・都道府県版レッドリスト・レッドデータブックに掲載された陸産貝類6種に寄生したダニ」.タクサ:日本動物分類学会誌 46:34–39.

脇 司・島野智之・浅見崇比呂・宮井卓人・佐々木健志.(2018).
「沖縄島から得られた陸貝に寄生するダイダイカタツムリダニ(新称)*Riccardoella reaumuri* Fain and van Goethem, 1986(胸板ダニ上目:ケダニ目:ヤワスジダニ科)の日本初記録」.沖縄生物学会誌 56:27–31.

山岸 学.(1990).「ホンドテンの食性の季節変化」.東京大学農学部演習林報告 83:9–18.

これらの他、論文、書籍、ウェブサイトなどをたくさん参考にさせていただきました。

著者紹介

脇 司（わき・つかさ）

▶寄生虫学者、陸貝屋
1983年、広島県生まれ。
2007年、東京大学農学部四類卒業。
2014年、東京大学大学院農学生命科学研究科修了。博士（農学）。
2014年、日本学術振興会特別研究員、2015年、済州大学校博士研究員、
2015年、公益財団法人目黒寄生虫館研究員を経て、
2019年より東邦大学理学部生命圏環境科学科講師。
貝類に寄生する寄生虫を研究中。
こつこつと趣味で集めた陸貝の殻コレクションは600種以上にのぼる、
れっきとした陸貝コレクター（陸貝屋）でもある。
殻を眺めながらお酒を飲むのが好き。
本書が初の単著となる。

◉── DTP	スタジオ・ポストエイジ
◉── 校正	曽根 信寿
◉── カバー・本文デザイン	平塚 兼右（PiDEZA Inc.）
◉── マンガ	べつやく れい
◉── 編集	畠山 泰英（キウイラボ）

カタツムリ・ナメクジの愛し方 日本の陸貝図鑑

2020 年 7 月 25 日 　　　 初版発行

著者	**脇 司**（わきつかさ）
発行者	**内田 真介**
発行・発売	**ベレ出版**
	〒162-0832　東京都新宿区岩戸町12 レベッカビル
	TEL.03-5225-4790 FAX.03-5225-4795
	ホームページ　http://www.beret.co.jp/
印刷・製本	**三松堂株式会社**

落丁本・乱丁本は小社編集部あてにお送りください。送料小社負担にてお取り替えします。
本書の無断複写は著作権法上での例外を除き禁じられています。購入者以外の第三者による
本書のいかなる電子複製も一切認められておりません。

ISBN 978-4-86064-625-7 C0045　　　　　　　　　　編集担当　永瀬 敏章